华清远见
HQYJ.COM

工业和信息化精品系列教材 人工智能技术

# 人工智能基础与应用

## 微课版

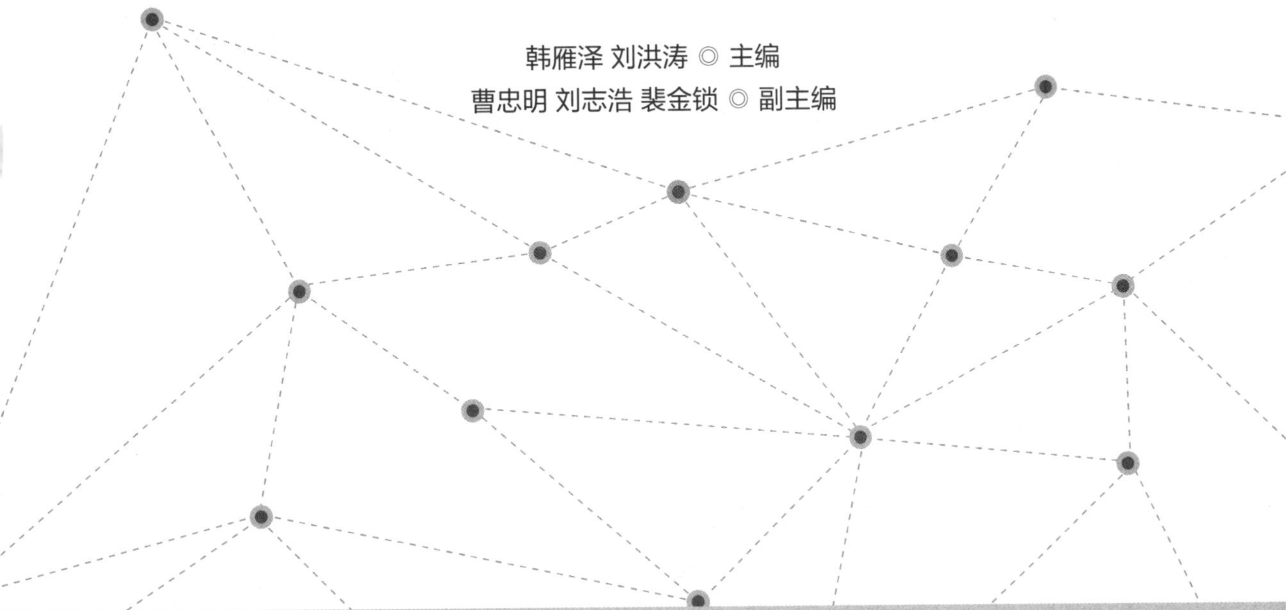

韩雁泽 刘洪涛 ◎ 主编
曹忠明 刘志浩 裴金锁 ◎ 副主编

人 民 邮 电 出 版 社
北 京

**图书在版编目（CIP）数据**

人工智能基础与应用 : 微课版 / 韩雁泽, 刘洪涛主编. -- 北京 : 人民邮电出版社, 2021.4
工业和信息化精品系列教材. 人工智能技术
ISBN 978-7-115-55957-9

Ⅰ. ①人… Ⅱ. ①韩… ②刘… Ⅲ. ①人工智能一教材 Ⅳ. ①TP18

中国版本图书馆CIP数据核字(2021)第019523号

## 内 容 提 要

本书涵盖人工智能概述、Python 编程基础、TensorFlow 机器学习框架、机器学习算法、MNIST 数据集及神经网络、TensorFlow 高级框架、OpenCV 开发与应用等基础知识，并介绍且搭建了计算机视觉中的手写数字识别与人脸识别、自然语言处理中的语音识别与智能聊天机器人具体项目，还介绍并实践了 AI 开放平台的接入与使用，最后在综合实训案例解析中完成了对所学知识的整合。

本书可作为人工智能、计算机、自动化等专业相关课程的教材，也可作为人工智能开发人员的参考用书。

◆ 主　　编　韩雁泽　刘洪涛
副 主 编　曹忠明　刘志浩　裴金锁
责任编辑　初美呈
责任印制　王　郁　彭志环

◆ 人民邮电出版社出版发行　　北京市丰台区成寿寺路 11 号
邮编　100164　　电子邮件　315@ptpress.com.cn
网址　https://www.ptpress.com.cn
北京隆昌伟业印刷有限公司印刷

◆ 开本：787×1092　1/16
印张：12.75　　　　2021 年 4 月第 1 版
字数：281 千字　　　2025 年 1 月北京第 7 次印刷

定价：49.80 元

**读者服务热线：(010) 81055256　印装质量热线：(010) 81055316**
**反盗版热线：(010) 81055315**
**广告经营许可证：京东市监广登字 20170147 号**

# 前言 FOREWORD

如今人工智能渐渐地从实验室走出来，转换成了形形色色的应用，已渗入互联网、物联网技术与产品的方方面面，小到家庭语音助手，大到无人驾驶。本书省略了复杂的数学计算过程与数学模型推导，从解决具体问题出发，旨在帮助读者从编程语言 Python 与深度学习框架 TensorFlow 开始，逐步地了解与学习机器学习、深度学习相关知识，并自主完成实践项目，如人脸识别、语音识别等。

目前，能够整体涵盖从 Python 到人工智能项目实践的图书较少，为了能让读者快速地踏进人工智能世界的大门，本书的编写由浅入深，从 Python 的基础语法到机器学习再到深度学习，递进讲解，最后是 AI 开放平台的使用以及综合项目的实现。本书注重理论与实践的结合，知识点对应着实例进行剖析，将引入的实例结合理论和算法予以实现。本书全面贯彻党的二十大精神，以新时代中国特色社会主义思想、社会主义核心价值观为引领，加强基础研究、发扬斗争精神，为建成教育强国、科技强国、人才强国、文化强国添砖加瓦。

本书主要分为 4 个部分，共计 11 章，第一部分（第 1～3 章）包括人工智能的基础概念，Python 语言和 TensorFlow 的环境搭建以及基础使用；第二部分（第 4 章和第 5 章）包括在解决问题时常用到的机器学习算法、MNIST 数据集及神经网络；第三部分（第 6 章和第 7 章）介绍在解决实际问题时需要掌握的一些技术，包括 TFLearn 和 Keras 高级框架、OpenCV 等；第四部分（第 8～11 章）将所学的算法融合于实例中进行介绍。各章的主要内容如下。

第 1 章对人工智能方向进行了一个整体的概述，主要介绍了人工智能的应用、发展现状，以及怎样学习人工智能等。

第 2 章讲解 Python 编程的基础知识，包括环境搭建、基础语法、面向对象以及第三方库的使用。

第 3 章讲解 TensorFlow 机器学习框架，包括基础知识介绍、不同平台下的环境搭建、计算机加速。

第 4 章讲解机器学习的部分算法，详细介绍了线性回归、逻辑回归和 KNN，并基于 Scikit-learn 调用 API 的方式实现了 KNN 算法，同时简单地介绍了支持向量机、决策树、随机森林和 K-Means 算法。

第 5 章讲解 MNIST 数据集和神经网络，包括 MNIST 数据集简介、神经元常用函数、深度神经网络、经典卷积神经网络、循环神经网络、优化器及优化方法。

第 6 章讲解 TensorFlow 高级框架，包括 TFLearn 和 Keras。

第 7 章讲解 OpenCV 开发与应用，包括摄像头调用、OpenCV 对图像的简单处理等知识。

第 8 章讲解计算机视觉处理实例，包括手写数字识别和人脸识别项目。

第 9 章讲解自然语言处理实例，包括英文语音识别和打造智能聊天机器人。

第 10 章讲解人工智能开放平台应用，包括百度 AI 开放平台、腾讯 AI 开放平台、阿里 AI 开放平台、亚马逊 AI 开放平台、京东 AI 开放平台、小爱 AI 开放平台和讯飞 AI 开放平台。

第 11 章是综合实训案例解析，以机械臂的工业分拣系统为主体，将人工智能与机械臂、物联网、AR 技术结合，引导读者完成实训。

本书由韩雁泽、刘洪涛担任主编，曹忠明、刘志浩、裴金锁担任副主编，任文凤主审。同时，陈鹏勃、隋钊龙、宋磊、肖锋、袁玉凤、张童、赵国新在书稿编写过程中提出了中肯的建议，在此表示衷心的感谢。

本书的所有源代码、PPT课件、教学素材等辅助教学资料，可以在人民邮电出版社教育社区（www.ryjiaoyu.com）免费下载。

由于编者水平有限，书中不妥之处在所难免，恳请读者批评指正。对于本书的批评和建议，可以发送到华清远见技术论坛。

编 者

2023年5月

# 目录 CONTENTS

## 第 1 章



## 第 2 章

## 第3章



## 第4章

第 6 章



第 7 章



第 8 章

# 第 9 章



# 第 10 章

## 第11章

# 第1章 人工智能概述

01

从 1950 年，伟大的计算机科学家阿兰·麦席森·图灵（Alan Mathison Turing）发表的一篇具有划时代意义的论文，预言了创造一个真正智能的机器的可能性，到 1956 年斯坦福大学 AI 实验室创始人第一次提出 AI 概念，再到具有逻辑、推理、认知功能的机器人出现，以及计算力的不断增长，“AI+”“人工智能+”的大潮显然已经到来。

**重点知识：**

① 了解人工智能
② 了解深度学习
③ 人工智能发展现状
④ 人工智能机器学习框架
⑤ 怎样学习人工智能

## 1.1 了解人工智能

如果说 1997 年 IBM 的深蓝（Deep Blue）打败国际象棋冠军卡斯帕罗夫仅仅使少部分人开始了解人工智能（Artificial Intelligence，AI）的话，那么 2016 年 AlphaGo 战胜围棋世界冠军、职业九段棋手李世石，2017 年战胜排名世界第一的围棋冠军柯洁则使更多的人开始认识、了解人工智能。

想了解人工智能，需要先了解它的几个常见应用。

**1. 人脸识别**

目前，手机屏幕解锁、支付宝的脸部 ID 支付、门禁闸机、企业考勤、金融开户等都在使用人脸识别技术。人脸识别还可以对人的眉毛、眼睛、鼻子、嘴巴以及轮廓等关键点进行检测，在解锁或支付过程中，找到眼睛的关键点后可以识别眼睛是否为睁开的状态，如果闭着眼睛就不能解锁手机屏幕。

再复杂一些，人脸识别还可以识别出被检测者的大概年龄、性别、种族、表情情绪、是否戴眼镜以及当前的头部姿态等特征。通过识别这些特征，可以对相册中的人物进行自动分类等操作。

**2. 智能音箱**

现在几百元钱就可以买到一个能够对话、播放音乐的智能音箱，智能音箱在联网之后可以对用户说的话进行语音识别，并对其内容进行语义理解，最后将要回应的答案一方面通过语音合成反馈给用户，另一方面针对用户的需求或者要求的动作进行执行，如听歌等。

当然，手机的语音助手也可以有相同的功能，如 Siri、小爱同学等。

**3. 机器翻译**

在日常学习或者工作中，人们经常会有一些单词不认识或者要把某句话翻译成英语，目前借助软件或者网页就可以实现中英文互译。这里举一个例子，当翻译“我在周日看了一本书”的时候，人工翻译可以很好地翻译出“I read a book on Sunday”，但是对于机器而言，它有着不同的翻译结果，首先就是一词多义的问题，如“看”这个词，可以翻译为“look”“watch”“read”等，其次就是语序问题，“在周日”这样的时间状语一般习惯放在句子后面，在翻译时需要做到“信、达、雅”，现在基于深度学习的翻译基本上可以做到“信、达”。基于深度学习的百度翻译结果如图 1-1 所示。

图 1-1　基于深度学习的百度翻译结果

**4. 无人驾驶**

百度百科对无人驾驶汽车给出的定义是“无人驾驶汽车是智能汽车的一种，也称为轮式移动机器人，主要依靠车内以计算机系统为主的智能驾驶仪来实现无人驾驶的目的”。

无人驾驶汽车是一项集合了自动控制、人工智能、传感器技术等多项技术的高度发展的产物。

目前，我国的百度公司、清华大学都在致力于无人驾驶汽车的研发。

人工智能已经在多个方面融入人们的日常生活中，并给人们带来了诸多便利。

简言之，人工智能就是通过一些科学的计算方法，让机器做一些人类能够做的事情，例如，人类的视觉——目标认知、图像识别，人类的听觉——语音识别，人类的思考——对图像的分析、对语言中语义的分析、理解以及回答等。

## 1.2 了解深度学习

在了解深度学习之前，需要对它和人工智能之间的关系进行了解与分析，人工智能与深度学习的关系如图 1-2 所示。

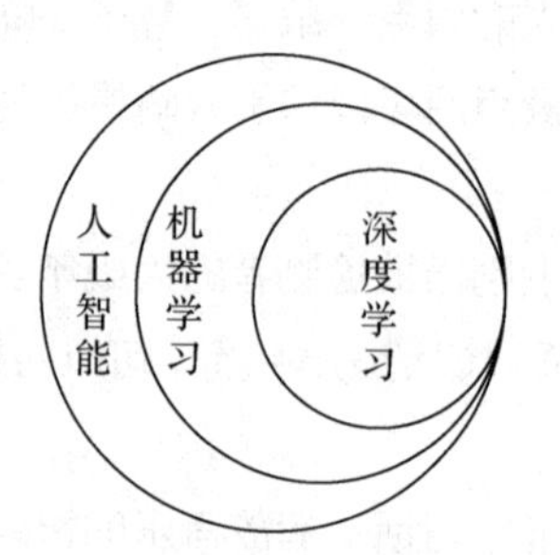


图 1-2　人工智能与深度学习的关系

由图 1–2 可知，深度学习是隶属于机器学习范畴的，机器学习又是隶属于人工智能范畴的，先解释一下什么是机器学习。

卡内基梅隆大学（Carnegie Mellon University）的汤姆·迈克尔·米切尔（Tom Michael Mitchell）教授在 *Machine learning* 一书中对机器学习给出了比较专业的定义，即“如果一个程序在任务 T 上，随着经验 E 的增加，效果 P 也可以随之增加，则称这个程序可以从经验中学习”。通俗地讲，就是如果机器学习算法（一个程序）要实现一个预测、分类问题（任务 T），那么需要对数据（经验 E）进行分析，如果数据越多，最后实现预测、分类时的准确率（效果 P）越高，那么就称这个机器学习算法可以从数据中学习。

机器学习是人工智能的一个分支，是实现人工智能的方法，是计算机通过学习来提高性能的一种方式。机器学习过程并不是告诉机器该怎么做，而是告诉它该怎么学习，在这个学习的过程中机器从数据里提取特征，当然这需要大量的数据。对于一些复杂的问题，机器学习并不能解决。如需要在一张照片上找到所有人的面部，利用机器学习解决这个问题是非常困难的，因为有的人留着长发，有的人戴着眼镜，还有拍照时的不同表情等，所以并不能完全保证利用这些特征能够找到人脸。

而深度学习可以解决这个问题，这个在早期试图模仿人类大脑神经元之间的学习机理、将各个特征进行联系从而组成更为复杂特征的方法，在图像识别和语音识别等领域具有突破性的进展。

深度学习是机器学习的一个分支，深度学习和机器学习的实现过程如图 1–3 所示。

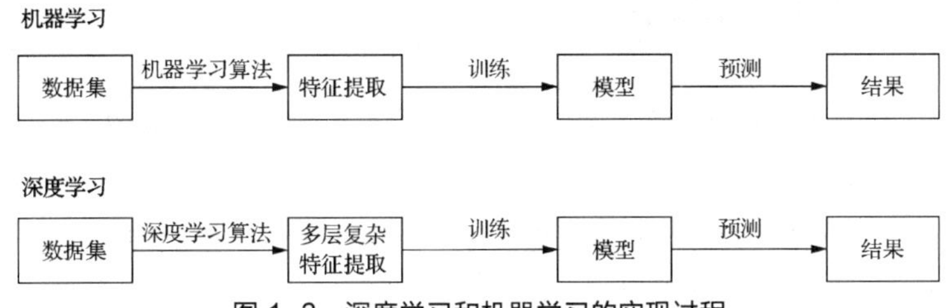


图 1–3　深度学习和机器学习的实现过程

深度学习这个词，除了从传统机器学习那里继承了“学习”之外，“深度”是其区别于其他方法的特征之一。在人工智能中，深度学习是人工神经网络或者深层神经网络的代名词，“深度”指的是神经网络的网络层次，最基本的神经网络结构如图 1–4 所示。

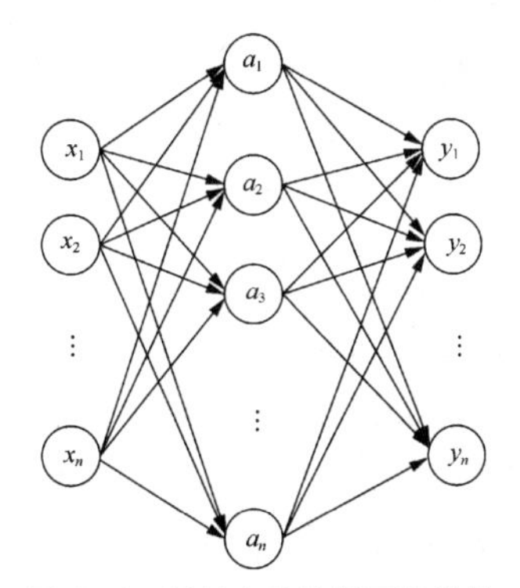


图 1–4　最基本的神经网络结构

在图 1-4 中，最左侧的一层称为输入层，最右侧的一层叫作输出层，中间所有节点组成的层称为隐藏层。最基本的神经网络结构中只有一层隐藏层，在实际的神经网络中，输入层 $x$ 需输入训练数据，中间有一个或多个隐藏层 $a$，输出层 $y$ 输出结果。

在 21 世纪前，深度神经网络由于受到计算力、数据量以及算法的限制，一直没有很好的表现，当时传统机器学习的表现要好于神经网络，如支持向量机（Support Vector Machine，SVM）。步入 21 世纪，随着计算机性能的不断提高，大数据、云计算以及各种专用于计算的芯片的出现与普及，计算力以及数据量不再像之前那样限制神经网络的发展。在 2012 年的大规模视觉识别挑战赛（ImageNet Large Scale Visual Recognition Challenge，ILSVRC）中，辛顿（Hinton）和他的学生克里泽夫斯基（Alex Krizhevsky）设计的深度学习网络 AlexNet 获得了冠军；到 2015 年，深度学习在图像分类方面的错误率已经低于人工标注的错误率；现在，深度学习被广泛应用于各个方向并取得了非常好的效果。

深度学习最早兴起于计算机视觉领域，在短短数年内，深度学习的方法推广到了越来越多的领域中，如语音识别、自然语言处理等领域。现如今，图像分类、图像识别已经运用于包括无人驾驶、按图识物、人脸识别、美颜、文字识别等在内的多个方向。语音识别也被运用于智能音箱、手机语音助手、语音输入法、同声传译等方向。自然语言处理被运用到聊天机器人、机器翻译等方向。

## 1.3 人工智能发展现状

在竞赛领域，在 ILSVRC 的图像分类比赛中，2012 年，AlexNet 网络（一个 7 层的卷积神经网络）将图像分类的错误率从 2011 年的 26%下降到 16%。2014 年，VGG 和 GoogleNet 分别将错误率下降到了 7.3%和 6.7%，VGG 模型在多个迁移学习任务中的表现要优于 GoogleNet。到了 2015 年，微软亚洲研究院提出的深度残差网络（ResNet）将错误率下降到了 3.57%，低于人类 5.1%的分类错误率，ResNet 是一个 152 层的卷积神经网络。

在实际应用中，人工智能在语音识别、语音合成上取得了非常瞩目的结果。2016 年 10 月，由微软美国研究院发布的语音识别最新应用实现了错误率为 5.9%的新突破，这是第一次用人工智能技术得到跟人类近似的语音识别错误率。

人工智能已经被运用于农业上，2017 年，蓝河公司（BlueRiver）的喷药机器人开始使用计算机视觉来识别需要肥料的植物，如棉花、生菜，以及其他特色植物，为它们喷洒农药或除草剂等。

在医学上，谷歌大脑与 Alphabet 旗下子公司 Verily 联合开发了一款能用来诊断乳腺癌的人工智能产品。为了确定这个功能的可用性以及准确率，谷歌专门安排了一场人类与人工智能进行病理分析的大比拼。这场比拼中，一位资深病理学家花了整整 30 个小时，仔仔细细分析了 130 张切片，但以 73.3%的准确率败给准确率达 88.5%的人工智能。

在电商领域，阿里的人工智能系统“鲁班”在 2017 年的“双十一”网络促销日期间，根据用户行为和偏好，智能地为手机淘宝自动生成了 4 亿张不重复的海报。

2017 年，百度的小度机器人在《最强大脑》中战胜人类“脑王”，搜狗的问答机器人汪仔在

《一站到底》中战胜哈佛女学霸。同年，百度 CEO 李彦宏将无人驾驶平台 Apollo 汽车开上五环。

2018 年，Google 的 Duplex 代替人类自动接打电话、预订餐厅。

2019 年的央视网络春晚，人工智能主播“小小撒”携手撒贝宁，一同亮相舞台。

现在，人工智能在动作识别、人脸识别、人体姿态估计、图像分类、图像生成、图像分割等计算机视觉领域，以及在问答、常识推理、机器翻译等自然语言处理领域都取得了很大的进展。

## 1.4 人工智能机器学习框架

在实现机器学习或深度学习的过程中，往往需要写大量的代码来实现某个功能或算法，这时就需要一些框架把这些大量且重复的代码进行整合。在使用过程中，只需要调用这个框架下的某个方法或者某几个方法，就能实现原来大量代码实现的功能。

### 1.4.1 机器学习框架简介

常用的人工智能机器学习的基本框架包括 TensorFlow、PaddlePaddle、Caffe、PyTorch、MXNet 等，其说明如表 1-1 所示。

表 1-1 TensorFlow、PaddlePaddle、Caffe、PyTorch、MXNet 框架的说明

| 框架名称 | 接口语言 | 是否开源 |
| --- | --- | --- |
| TensorFlow | C++、Java、Python、Go、C#等 | 开源 |
| PaddlePaddle | C++、Python | 开源 |
| Caffe | C++、MATLAB、Python | 开源 |
| PyTorch | C++、Python 等 | 开源 |
| MXNet | C++、Python、R、MATLAB 等 | 开源 |

### 1.4.2 TensorFlow

TensorFlow 的关注数在 GitHub 上表示为 star 的数量，截止到 2019 年 6 月，已经超过了 12 万，不同框架的 star 数如图 1-5 所示。

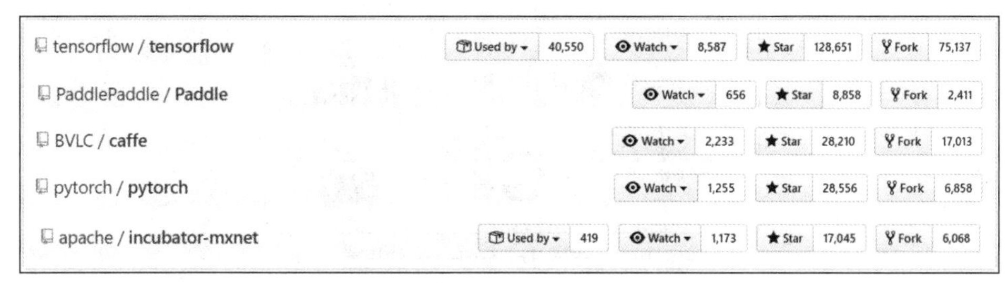


图 1-5 不同框架的 star 数

TensorFlow 中文社区对自己的框架给出的定义是：TensorFlow 是一个采用数据流图（Data

Flow Graphs）的，用于数值计算的开源软件库。它灵活的架构允许用户在多种平台上展开计算，如台式计算机中的一个或多个 CPU（或 GPU）、服务器、移动设备等。

该社区还对 TensorFlow 的六大优势做了重点阐述。

（1）高度的灵活性。TensorFlow 不是一个严格的“神经网络”库。只要用户可以将计算表示为一个数据流图，就可以使用 TensorFlow。用户通过构建图描写驱动计算的内部循环。TensorFlow 提供了有用的工具来帮助用户组装“子图”（常用于神经网络），用户可以在 TensorFlow 的基础上完成“上层库”的搭建，并且不会产生性能损耗。若找不到想要的底层数据操作，可以通过 C++ 代码来丰富其底层操作。

（2）可移植性（Portability）。TensorFlow 可以在 CPU 和 GPU 上运行，如可以运行在台式机、服务器、手机移动设备上等。TensorFlow 可以在用户的笔记本电脑上实现机器学习算法，或者不改变代码就可以实现将训练的模型在多个 CPU 上规模化运算。TensorFlow 还可以将训练好的模型放入手机 App 里，并可以将模型作为云端服务运行在服务器上，或者运行在 Docker 容器里。

（3）将科研和产品联系在一起。过去如果要将科研中的机器学习算法用到产品中，需要大量的代码重写工作。开发者可使用 TensorFlow 尝试新的算法，产品团队使用 TensorFlow 来训练和使用计算模型，并直接提供给在线用户。使用 TensorFlow 可以让应用型研究者将想法迅速运用到产品中，也可以让学术型研究者更直接地分享代码，从而提高科研产出率。

（4）自动求微分。基于梯度的机器学习算法会受益于 TensorFlow 自动求微分的功能。用户只需要定义预测模型的结构，将这个结构和目标函数（Objective Function）结合在一起，并添加数据，TensorFlow 就将自动为用户计算相关的微分导数。计算某个变量相对于其他变量的导数仅仅是通过扩展图来完成的，所以用户能一直了解计算过程。

（5）多语言支持。TensorFlow 具有合理的 C++使用界面，也有一个易用的 Python 使用界面来构建和执行 Graphs。用户可以直接写 Python、C++程序，也可以通过交互式的 IPython 界面用 TensorFlow 尝试某些想法，它可以帮助用户将笔记、代码、可视化内容等有条理地归置好。

支持 TensorFlow 的语言包括 Python、C++、Java、C#等，如图 1-6 所示，但运用最多的还是 Python。

图 1-6　支持 TensorFlow 的语言

（6）性能最优化。由于 TensorFlow 提供了对线程、队列、异步操作等的支持，因此可以将用户硬件的计算潜能全部发挥出来。用户可以自由地将 TensorFlow 图中的计算元素分配到不同设备上，TensorFlow 可以管理好这些不同的计算副本。

现在，很多公司都在使用 TensorFlow 做产品。谷歌在 2017 年就有 6000 多个产品在使用 TensorFlow。当然，国内的京东、小米等公司也在使用 TensorFlow 做人工智能的开发。

### 1.4.3 PaddlePaddle

PaddlePaddle 是百度推出的开源深度学习平台，最初由百度科学家和工程师开发，有着全面、准确的中文使用文档，为国内的开发者建立了友好的生态环境。

在百度的 GitHub 代码仓库上，其对 PaddlePaddle 的四大优势做了重点阐述。

（1）灵活性。PaddlePaddle 支持丰富的神经网络架构和优化算法，易于配置复杂模型，例如，带有注意力机制或复杂记忆连接的神经网络机器翻译模型。

（2）高效性。为了高效地使用异步计算资源，PaddlePaddle 对框架的不同层进行优化，包括计算、存储、架构和通信。下面是一些样例：通过 SSE/AVX 内置函数、BLAS 库（如 MKL、OpenBLAS、cuBLAS）或定制的 CPU/GPU 内核优化数学操作；通过 MKL-DNN 库优化 CNN 网络，高度优化循环网络，无须执行 padding 操作即可处理变长序列，针对高维稀疏数据模型，优化了局部和分布式训练。

（3）稳定性。PaddlePaddle 使利用各种 CPU、GPU 和机器来加速的训练变得简单。PaddlePaddle 通过优化通信可以实现巨大的吞吐量，并可以快速执行。

（4）与产品相连。PaddlePaddle 的设计也使其易于部署。在百度，PaddlePaddle 已经部署到具有巨大用户量的产品和服务上，包括广告点击率（CTR）预测、大规模图像分类、光学字符识别（OCR）、搜索排序、计算机病毒检测、推荐系统等。PaddlePaddle 广泛应用于百度产品中，产生了非常重要的影响。

## 1.5 怎样学习人工智能

学习人工智能，准确地说应该是学习机器学习和深度学习的方法，前提是要会使用一些工具，包括语言工具及编程工具。本书使用 Python 语言对 TensorFlow 的框架进行介绍。

**1. 掌握一门编程语言**

Python 是一种高层次的结合了解释性、编译性、互动性的面向对象的脚本语言，它的使用方法非常简单。最重要的是，早期的时候，要构建 TensorFlow 图，Python 是唯一的选择。对于初学者而言，Python 语言是一个非常不错的选择，而且学习 Python 对学习 TensorFlow 也有帮助。

由于 TensorFlow 是开源的，长期以来，在社区的支持下，更多的语言开始支持使用 TensorFlow 学习深度学习，所以也可以用 Java、C++、C#等构建网络。

**2. 学会使用一种工具**

拥有一种方便易用的编程工具会事半功倍，Jupyter Notebook、Sublime、Notepad++、Spyder、

PyCharm 等都可以编写 Python 和深度学习的网络，本书选择 PyCharm 作为工具。

PyCharm 是一个专门为 Python 打造的集成开发环境（Integrated Development Environment，IDE），具有一整套可以帮助用户在使用 Python 语言开发时提高效率的工具，如调试、语法高亮、Project 管理、代码跳转、智能提示、自动完成、单元测试、版本控制。

**3. 多学习一些论文**

每年都会有很多关于深度学习的论文发表。在学习初期，需要研读一些入门的网络论文。如果想了解图像领域的 LeNet、AlexNet 框架，可以先阅读相关的论文，这些经典的网络论文往往会让读者对这个领域的知识有更加深入的理解。

**4. 尝试修改并训练网络**

对一个初学者而言，修改网络参数（即调参）是一件很困难的事，但是很多开源的网络都可以用自己的数据集去训练。在训练过程中，初学者会对这个网络有更加深刻的认识。

## 1.6 小结

本章先列出了生活中常见的人工智能应用；之后对人工智能、机器学习、深度学习之间的关系做了分析，并对深度学习和神经网络进行了分析；接着对人工智能的发展现状用举例的形式做了描述；然后对实现深度学习的多个框架做了简单介绍，并详细介绍了 TensorFlow 以及 PaddlePaddle；最后对如何学习人工智能做了简单介绍。

本章主要是为了让读者对人工智能的一些相关概念有简单的了解。

## 1.7 练习题

1. 人工智能、机器学习、深度学习的关系是怎样的？
2. 深度学习是在 2012 年后才出现的吗？

# 第2章 Python编程基础

02

Python 是由吉多·范罗苏姆（Guido van Rossum）于 20 世纪 80 年代末至 90 年代初在荷兰国家数学与计算机科学研究中心设计出来的。Python 将许多机器层面上的细节隐藏，将其交给编译器处理，并凸显出对逻辑层面的编程思考。Python 程序员可以花更多的时间思考程序的逻辑，而不是具体的实现细节。这一特征吸引了广大的程序员。

**重点知识：**

1. Python 入门
2. 开发环境搭建
3. 基础语法
4. 面向对象
5. 第三方库的使用
6. NumPy
7. Pandas
8. Matplotlib

## 2.1 Python 入门

Python 是一个高层次的结合了解释性、编译性、互动性和面向对象的脚本语言。

1991 年，第一个 Python 编译器诞生。它是由 C 语言实现的，且能够调用 C 语言的库文件。从其诞生，Python 就已经具有了类、函数、异常处理、包含表和词典的核心数据类型，以及以模块为基础的拓展系统。Python 语法很多来自 C 语言，但又受到荷兰国家数学与计算机科学研究中心设计的 ABC 语言强烈的影响。

Python 具有很强的可读性，相对于其他语言经常使用英文关键字和英文标点符号，Python 具有更有特色的语法结构。

Python 是一种解释型语言：Python 开发过程中没有编译环节，在这一点上其类似于 PHP 和 Perl 语言。

Python 是交互式语言：Python 可以在控制台中直接输入代码语句，按“Enter”键就可以直接执行该代码，而无须经过保存和编译阶段。

Python 是面向对象语言：Python 支持面向对象的或代码封装在对象的编程技术。

Python 的优点很多，它自带很多库，如文件操作、网络通信、GUI 编程、数据库处理等库，其中包含了大量的函数，因此使用者不必重复地编写某一类代码。同时除了这些内置的库外，Python还支持更多的第三方库，使用者可以直接导入并使用这些库，这就使得Python得到了更好的拓展。

本书基于Python 3介绍Python的基础知识。

## 2.2 开发环境搭建

“工欲善其事，必先利其器”，搭建开发环境被誉为编程或者开发的开始，一个好的环境可以在编写代码时给出代码补全提示，有错误或者警告时也能够及时地给予显示。有一个稳定、易上手的开发环境对开发者而言是非常重要的，它能够帮助初学者更好地学习，帮助非初学者加快开发速度。

### 2.2.1 安装Python

Python可应用于多种平台，如Windows、Linux和Mac OS。

本书搭建基于Windows 64位的开发环境。如果要在Linux和Mac OS平台搭建Python开发环境，读者可下载源码或者可执行安装程序进行安装。Python 3.6.7的下载界面如图2-1所示。

V2-1 安装Python

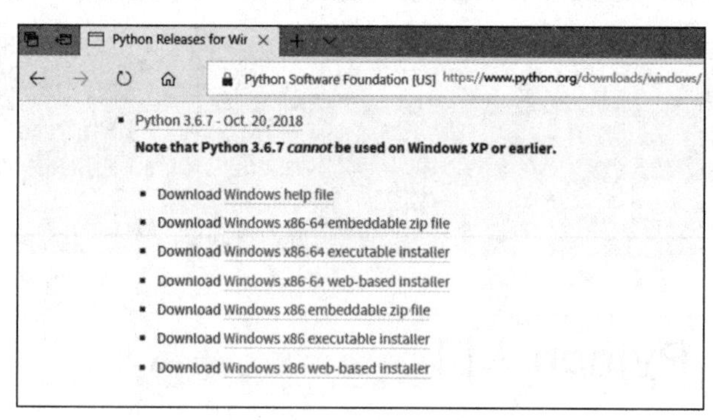


图2-1 Python 3.6.7的下载界面

下载Python可执行安装程序后，双击进行安装。弹出“Python 3.6.7(64-bit) Setup”向导的“Install Python 3.6.7 (64-bit)”界面后，勾选“Add Python 3.6 to PATH”复选框，单击“Customize installation”选项，如图2-2所示。

图2-2 “Install Python 3.6.7(64-bit)”界面

接下来弹出“Optional Features”界面，单击“Next”按钮，如图 2-3 所示。

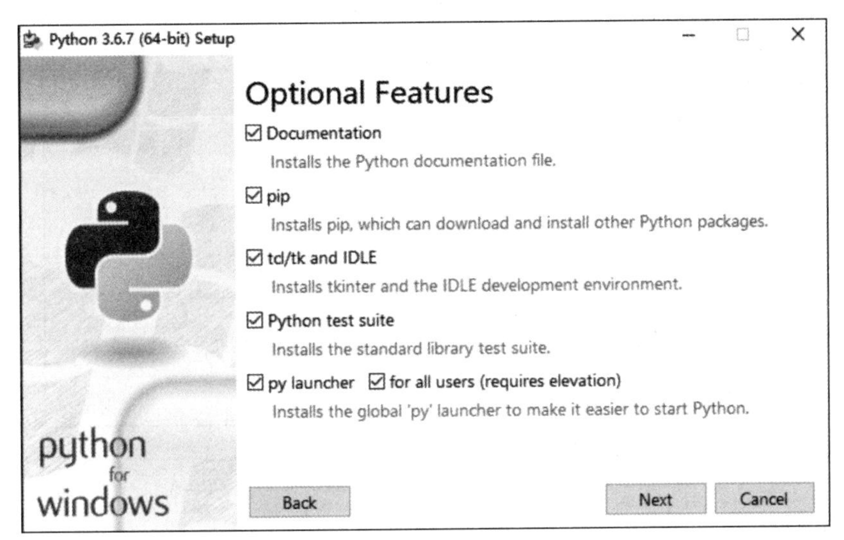


图 2-3 “Optional Features”界面

在弹出的“Advanced Options”界面中，单击“Browse”按钮，选择 Python 安装路径，在“Customize install location”组合框中显示了当前 Python 的安装路径，单击“Install”按钮，等待安装完成，如图 2-4 所示。

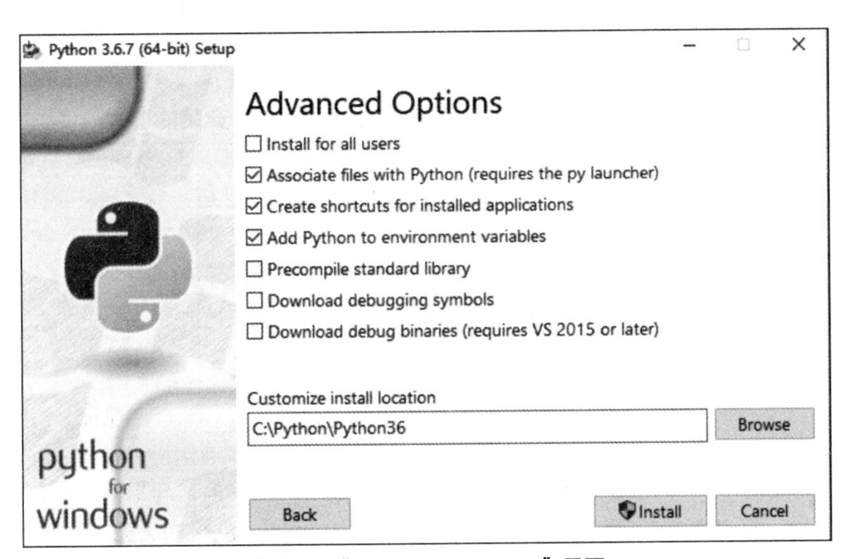


图 2-4 “Advanced Options”界面

Python 安装结束后，出现“Setup was successful”界面，单击“Close”按钮关闭窗口，如图 2-5 所示。

按“Win+R”组合键，打开“运行”对话框，在“打开”文本框中输入“cmd”，单击“确定”按钮，如图 2-6 所示。

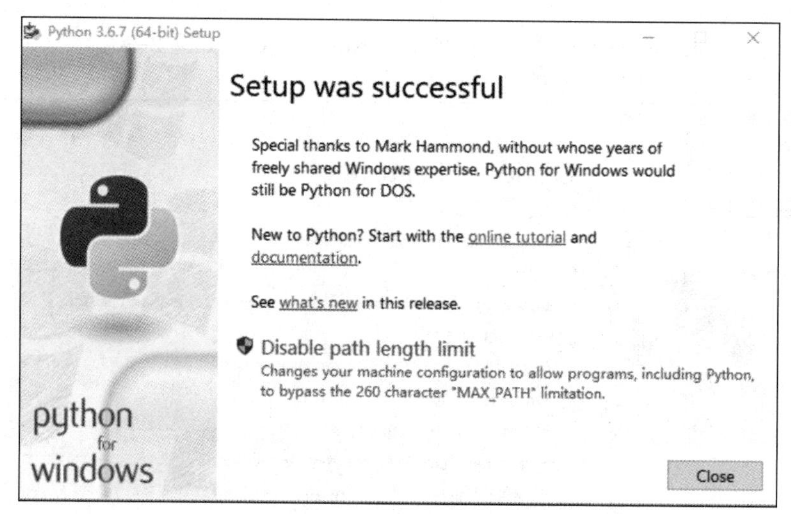


图 2-5 “Setup was successful”界面

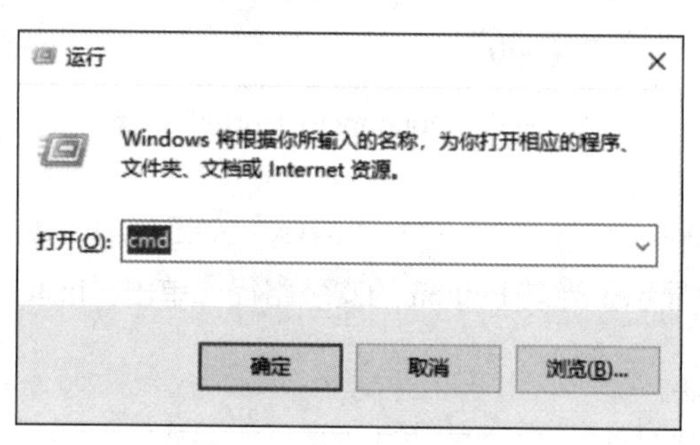


图 2-6 “运行”对话框

此时出现“命令提示符”窗口，输入“python –V”，获得当前安装的 Python 版本，如图 2-7 所示。

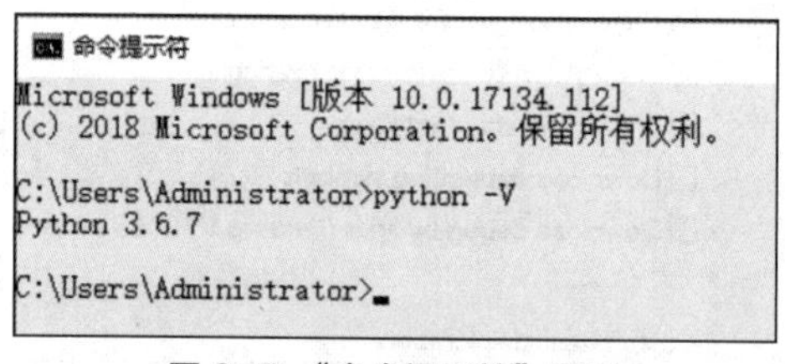


图 2-7 “命令提示符”窗口

直接在“命令提示符”窗口中输入“python”，可以进入 Python 交互模式，这个功能界面称为交互式解释器。在 Python 交互式解释器中可以直接输入 Python 的代码，无须经过保存和编译，按“Enter”键即可得到代码结果。直接输入“2+3”，并按“Enter”键，如果得到运算结果，则证明 Python 安装成功，如图 2-8 所示。

```
C:\Users\Administrator>python
Python 3.6.7 (v3.6.7:6ec5cf24b7, Oct 20 2018, 13:35:33) [MSC v.1900 64 bit (AMD64)] on win32
Type "help", "copyright", "credits" or "license" for more information.
>>> 2 + 3
5
```

图 2-8 在 Python 交互模式下验证 Python 是否安装成功

## 2.2.2 安装 PyCharm

PyCharm 是一种 Python IDE，包含一整套可以帮助用户在使用 Python 语言进行开发时提高效率的工具，如调试、语法高亮、Project 管理、代码跳转、智能提示、自动完成、单元测试、版本控制等。此外，PyCharm 还提供了一些高级功能，用于支持 Django 框架下的专业 Web 开发。

在 PyCharm 官网可以看到 PyCharm 具有专业版和社区版两个版本，专业版适用于 Scientific 和 Web Python 开发，支持 HTML、JavaScript 和 SQL，可以免费试用；社区版可用于纯 Python 开发，是免费开源的，PyCharm 的下载界面如图 2-9 所示。

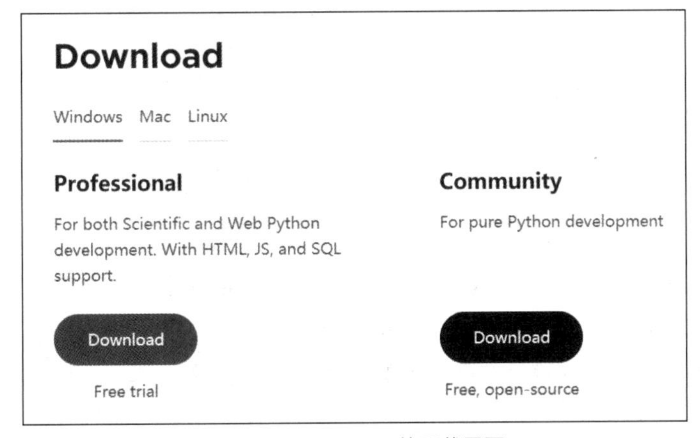


图 2-9 PyCharm 的下载界面

下载 PyCharm 安装文件后，双击进行安装（这里针对社区版进行安装）。进入 PyCharm 社区版安装欢迎界面，单击“Next”按钮，如图 2-10 所示。

图 2-10 PyCharm 社区版安装欢迎界面

进入选择安装路径界面后，单击“Browse”按钮，选择安装路径，在“Destination Folder”组合框中显示当前 PyCharm 的安装路径，选择完毕后单击“Next”按钮，如图 2-11 所示。

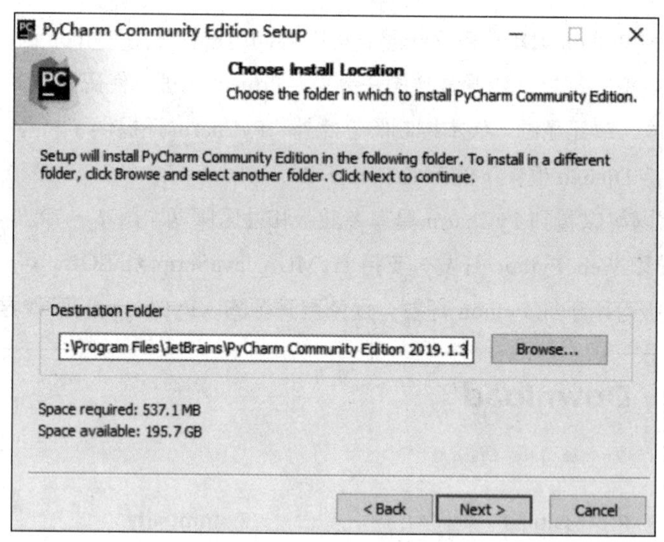

图 2-11　选择安装路径界面

进入安装选项界面，勾选“Create Desktop Shortcut”（创建桌面快捷方式）、“Update context menu”（更新上下文菜单）、“Create Associations”（.py 文件默认用 PyCharm 打开）、“Update PATH variable (restart needed)”（更新路径变量，需要重启）中的复选框，单击“Next”按钮，如图 2-12 所示。

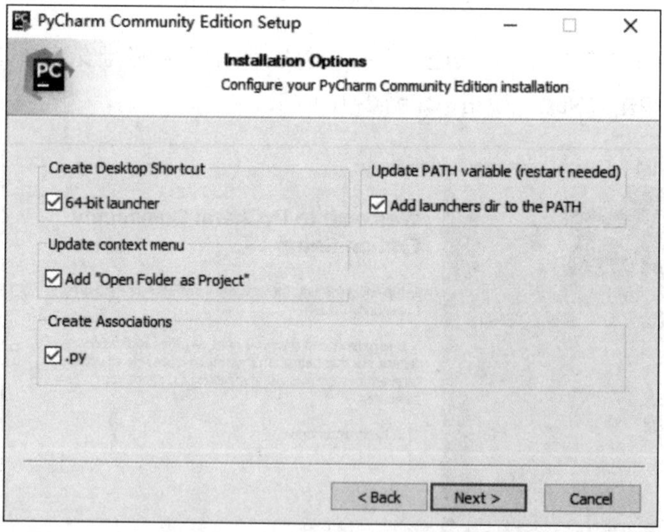

图 2-12　安装选项界面

进入选择开始菜单文件夹界面，单击“Install”按钮，如图 2-13 所示。

安装完成，进入完成 PyCharm 社区版安装界面，选中“Reboot now”单选按钮，单击“Finish”按钮，如图 2-14 所示。

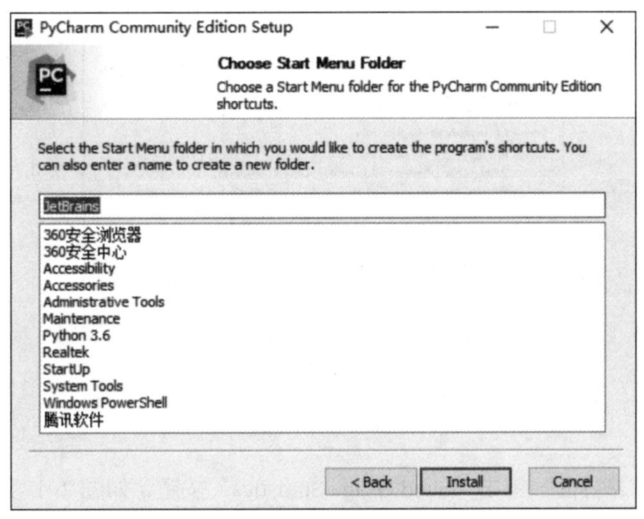


图 2-13　选择开始菜单文件夹界面

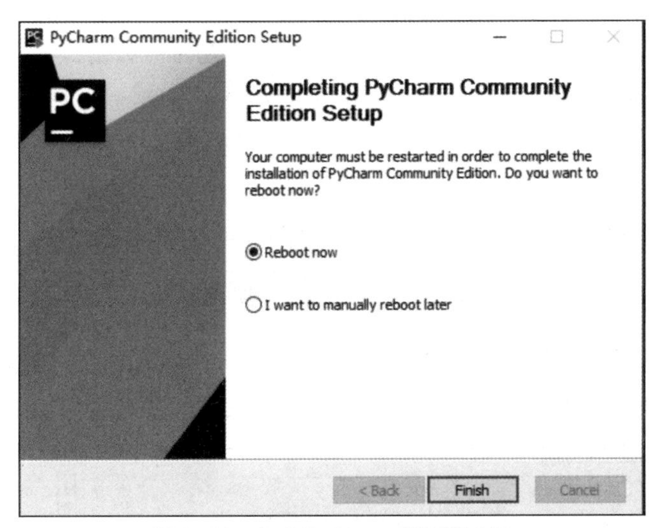


图 2-14　完成 PyCharm 社区版安装

等待系统重启，系统重启完成后双击 PyCharm 图标，进行配置，选择“Do not import settings”单选按钮，单击“OK”按钮，如图 2-15 所示。

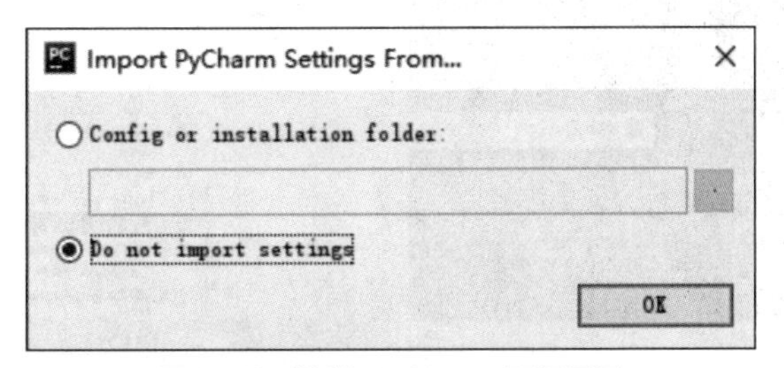


图 2-15　选择 PyCharm 配置界面

此时出现同意协议界面，勾选“I confirm that I have read and accept the terms of this User Agreement”复选框，单击“Continue”按钮，如图 2-16 所示。

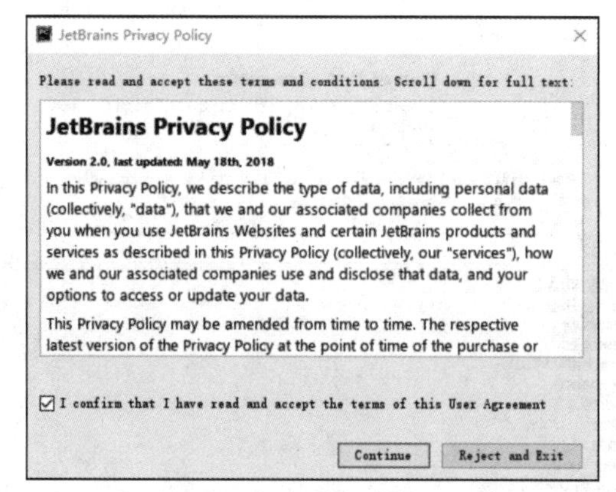


图 2-16　同意协议界面

出现是否发送信息界面，单击“Send Usage Statistics”按钮，如图 2-17 所示。

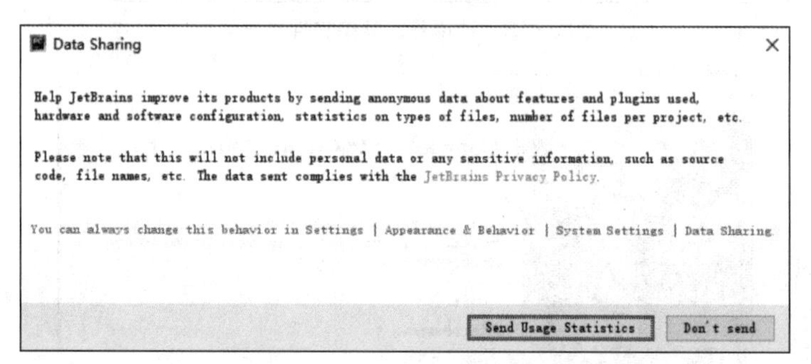


图 2-17　是否发送信息界面

进入 UI 主题选择界面，可以选择“Darcula”或“Light”单选按钮，这里选择“Light”单选按钮，单击“Next: Featured plugins”按钮，如图 2-18 所示。

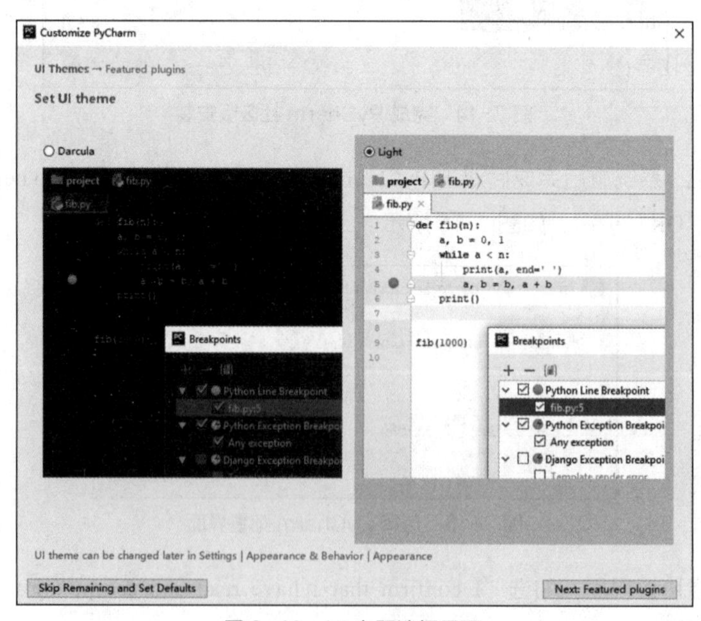


图 2-18　UI 主题选择界面

进入其他插件界面，单击“Start using PyCharm”按钮完成 PyCharm 的设置，如图 2-19 所示。

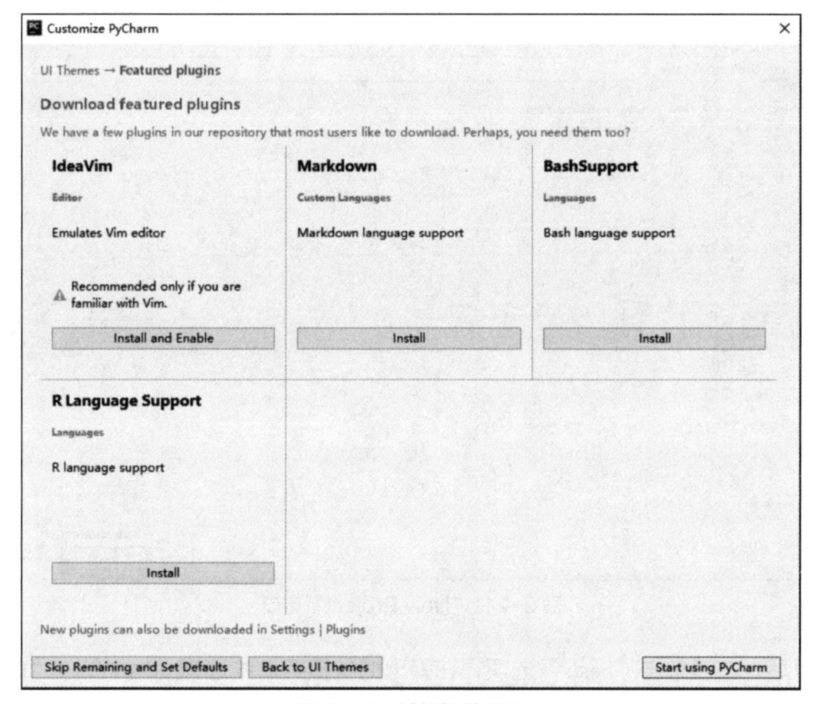


图 2-19　其他插件界面

## 2.2.3　体验 PyCharm

在学习一门语言时，如 C、C++，通常第一个代码就是输出“hello world”，这里 Python 的第一个代码也是输出“hello world”。

PyCharm 初始化界面如图 2-20 所示，选择“Create New Project”选项。

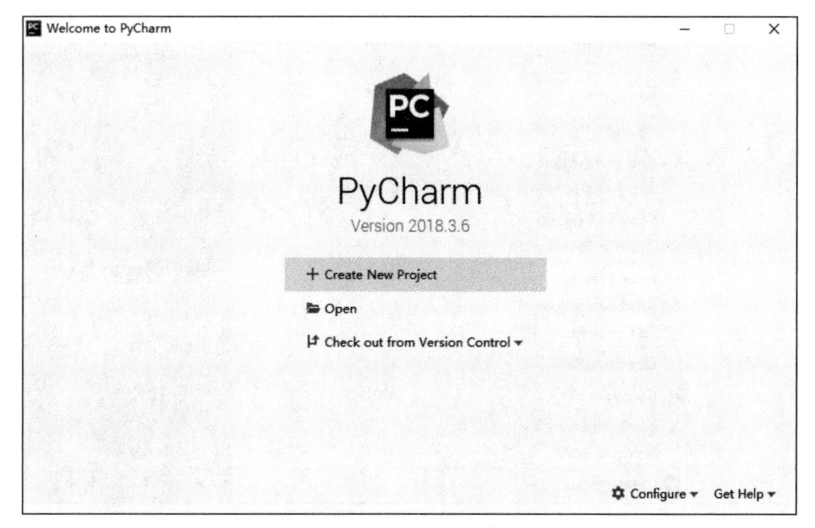


图 2-20　PyCharm 初始化界面

选择路径并单击“Create”按钮，“New Project”窗口如图 2-21 所示。

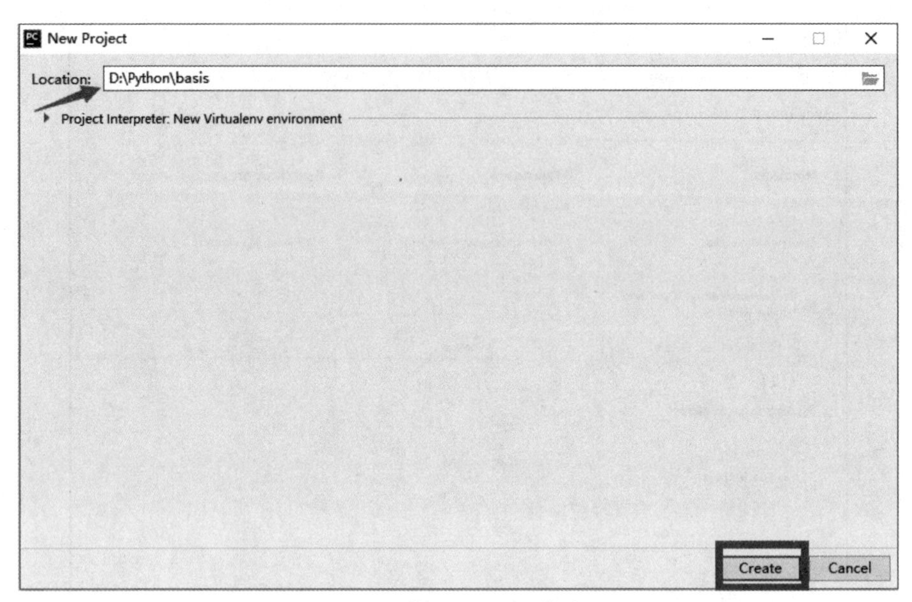


图 2-21 “New Project”窗口

进入项目后，右键单击“basis”选项，在弹出的快捷菜单中选择“New”→“Python File”命令，如图 2-22 所示。

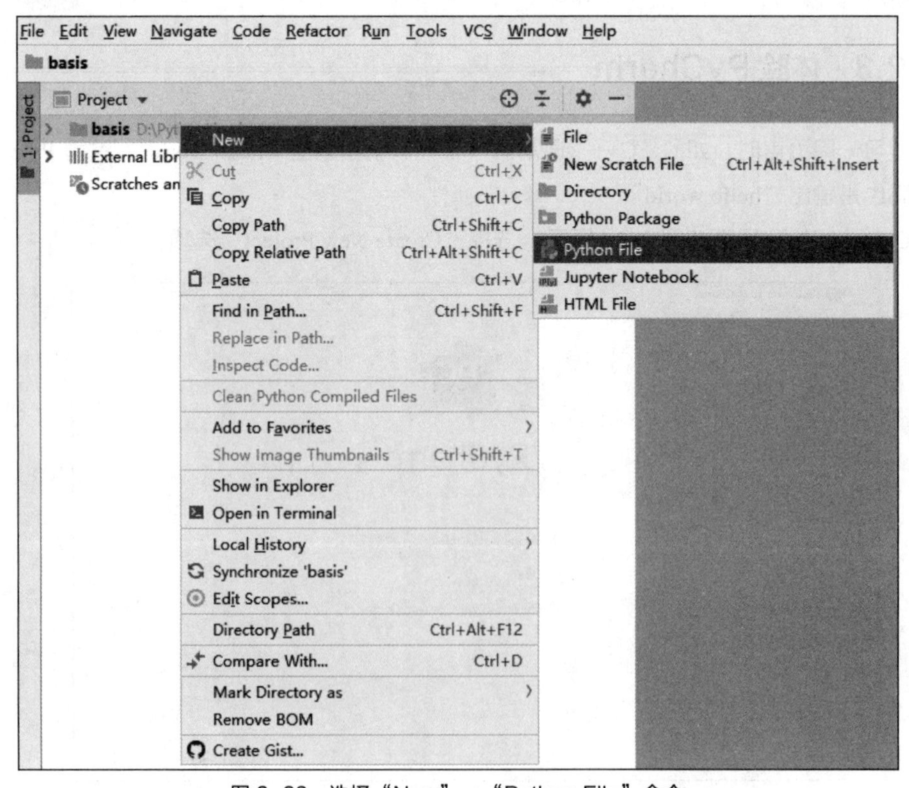


图 2-22 选择“New”→“Python File”命令

在弹出对话框的“Name”文本框中输入“print”，单击“OK”按钮创建 Python 文件，如图 2-23 所示。

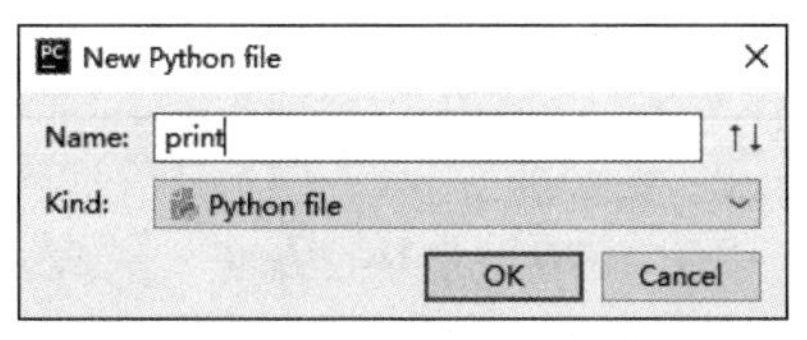

图 2-23 “New Python file”对话框

在代码输入窗口中输入图 2-24 所示的代码。在该代码中，PyCharm 会将保留关键字（保留关键字：不能用作常数或变量，也不能作为任何其他标识符名称，只包含小写）“print”变成蓝色，之后是一对括号和一对双引号。代码中的符号只有在英文输入法下输入才是正确的，用中文输入法输入符号后，程序会报错，双引号中的“hello world”是程序输出的内容。

Python 中的保留关键字如表 2-1 所示。

**表 2-1 Python 中的保留关键字**

| and | exec | not | assert | finally | or |
|---|---|---|---|---|---|
| break | for | pass | class | from | print |
| continue | global | raise | def | if | return |
| del | import | try | elif | in | while |
| else | is | with | except | lambda | yield |

Python 的特点之一是依靠“Enter”键换行以及通过缩进来判断代码段，所以在编写 Python 代码时不需要添加分号，虽然添加分号后程序不会报错，但 Python 不提倡这种操作。图 2-24 中的前两行为编码方式和注释，本书在后面的章节会对其进行讲解。这种编程模式为 IDE 下的编程模式。

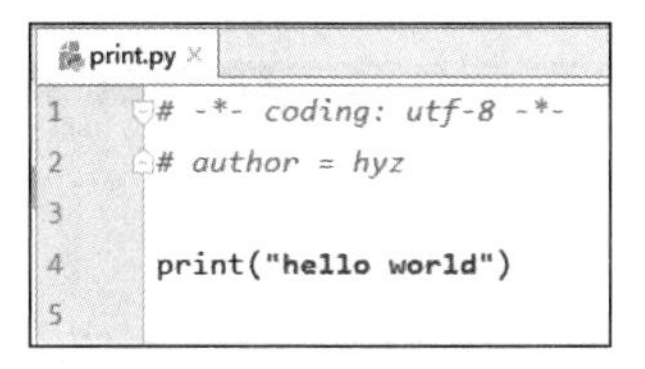

图 2-24 输入代码

在执行代码之前，确定 Python 环境是否导入 PyCharm，在 PyCharm 的菜单栏中选择“File”→“Settings”命令，如图 2-25 所示。

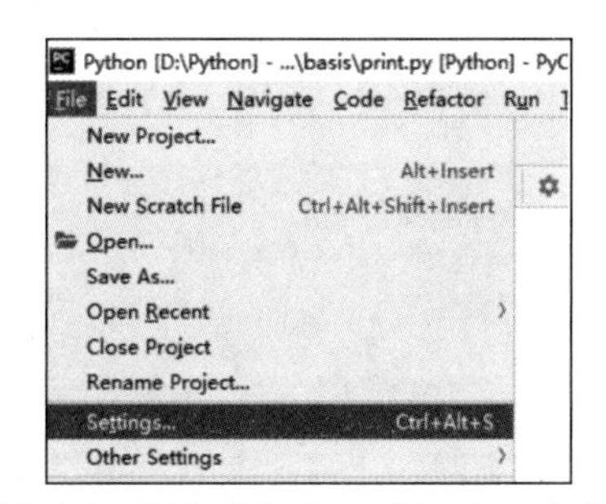

图 2-25 选择“File”→“Settings”命令

进入“Settings”（设置）对话框，选择“Project: Python”→“Project Interpreter”选项，查看当前 Python 环境是否为安装的 Python 3.6 环境。如果不是，在“Project Interpreter”下拉列表中选择 Python 3.6 环境，设置完成的界面如图 2-26 所示。

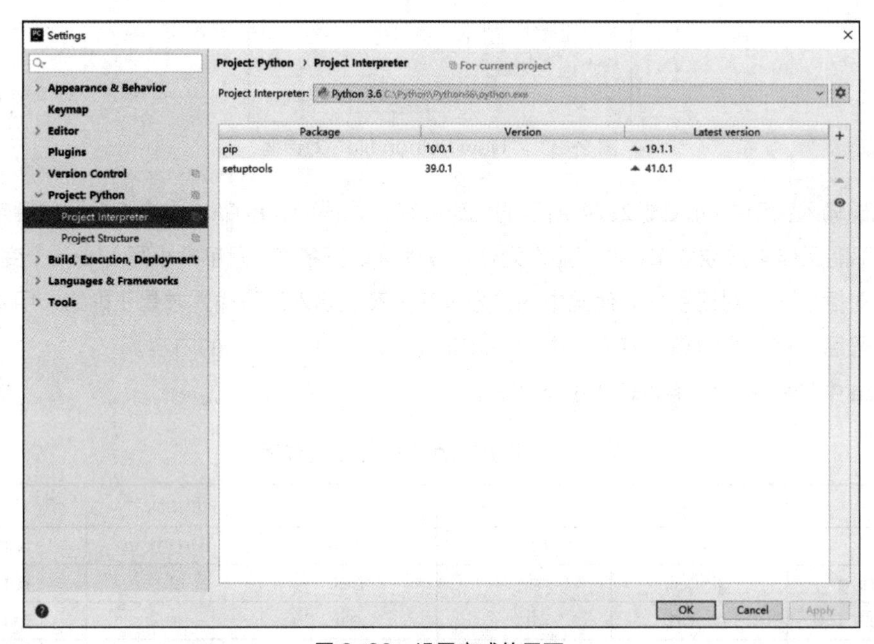


图 2-26　设置完成的界面

选择“Run”→“Run”命令，如图 2-27 所示。

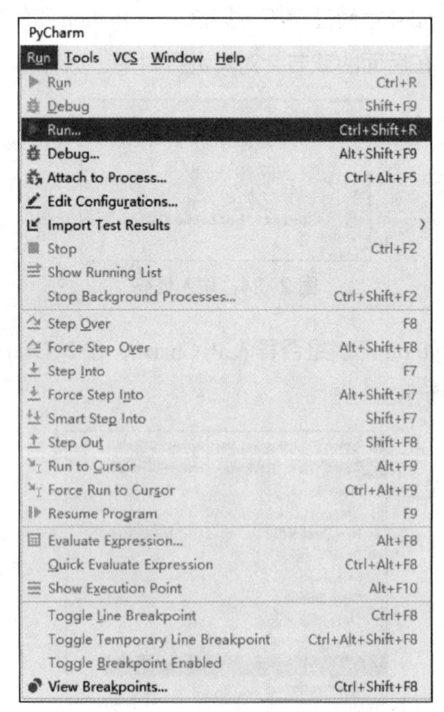


图 2-27　选择“Run”→“Run”命令

弹出“Run”对话框，选择“print”选项，如图 2-28 所示。

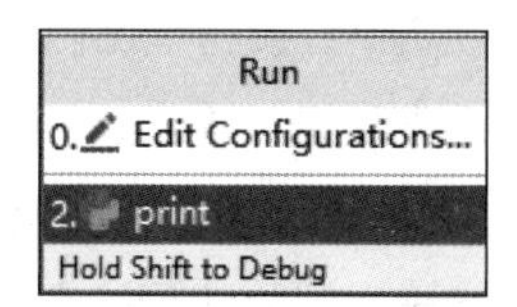

图 2-28 “Run”对话框

在 PyCharm 的“Run”窗口中可以看到程序运行结果，如图 2-29 所示。

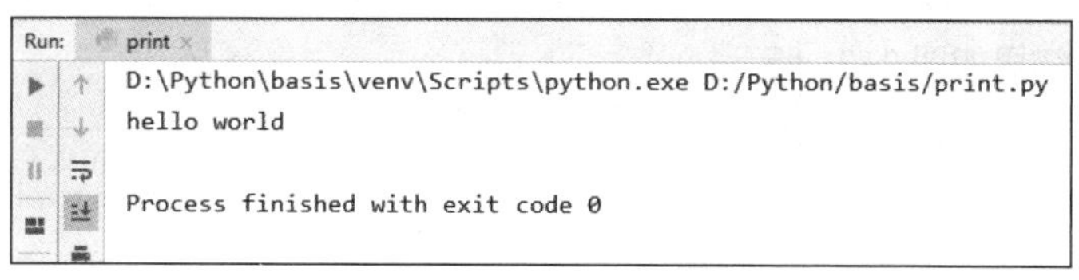

图 2-29 程序运行结果

结果会输出“hello world”，“print”是 Python 中的输出保留关键字。

## 2.3 基础语法

在了解了 Python 的基础语法后可以更好地完成 Python 编程，由于本书在之后的章节中不会使用太过复杂的 Python 语法，所以本节主要介绍 Python 的常用基础语法。

### 2.3.1 基本输入和输出

输入和输出是学习代码的基础，有些开发者会使用输出当前代码的某些变量作为 debug 调试的一种方式。

**1. 基本输入**

在 Python 3 中，input()函数会把用户输入的任何值都作为字符串来对待。下面介绍一个输入什么就输出什么的示例。

**【例 2-1】** 在 basis 目录下新建文件，命名为 input.py，在 PyCharm 中学习使用 input()函数输入和使用 print()函数输出。

```
variable = input()
print(variable)
```

在“Run”窗口中输入任意字符，如输入“hello world”，按“Enter”键，就会输出“hello world”，结果如图 2-30 所示。

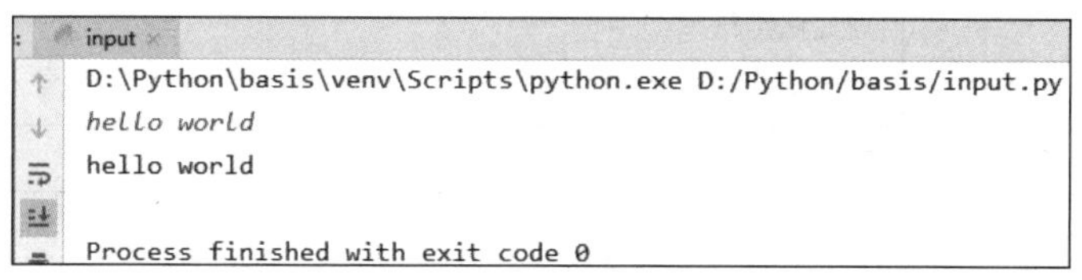

图 2-30 输入及输出结果

### 2. 基本输出

在例 2-1 中使用 print()函数完成输出时，直接将输出内容放在 print()函数的括号中。接下来将“hello world”赋值给一个变量 variable，然后进行输出。这里将之前的代码注释掉，注释方法是：将鼠标指针移到之前写的输出那一行，按下“Ctrl+/”组合键，完成注释，或者直接在那一行前面加上“#”进行注释。建议采用第一种方法，解除注释的方法是再次按下“Ctrl+/”组合键。

【例 2-2】 将字符串赋值给一个变量，在 PyCharm 中编写代码。

```
variable = "hello world"
print(variable)
```

变量赋值输出结果如图 2-31 所示。

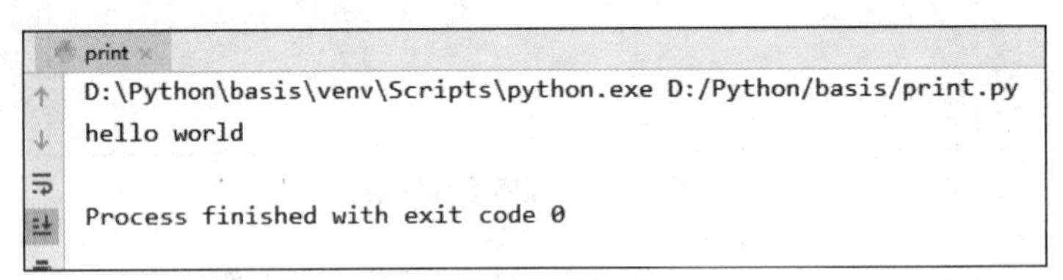


图 2-31 变量赋值输出结果

variable 是一个变量，创建时会在内存中开辟一块地址，“hello world”是一个字符串，可以由数字、字母、下划线组成，中间的“=”为赋值号，可将“=”右侧的值赋给左侧的值。

以上介绍的是直接输出一个字符串或者赋值后输出内容，接下来介绍格式化输出，即将数据按照指定的格式输出。

【例 2-3】 将变量输出的代码注释，在 PyCharm 中写入格式化输出代码。

```
print("I want to say %s, you can say %s" %("hello world", "hello world"))
```

格式化输出的结果如图 2-32 所示。

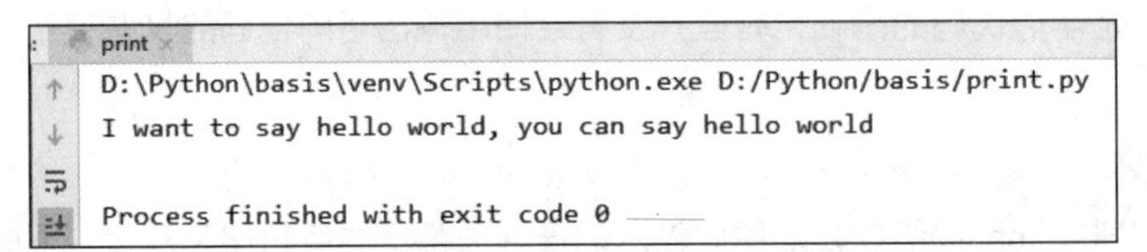


图 2-32 格式化输出的结果

在例 2-3 中，“%s”被称为%操作符，用来格式化输出字符串，使用其他的%操作符可以格式化输出其余类型，Python 中的%操作符如表 2-2 所示。

表 2-2 Python 中的%操作符

| 符号 | 描述 |
| --- | --- |
| %c | 格式化字符及其 ASCII 码 |
| %s | 格式化字符串 |
| %d | 格式化整数 |
| %u | 格式化无符号整数 |
| %o | 格式化无符号八进制数 |
| %x | 格式化无符号十六进制数 |

续表

| 符号 | 描述 |
|---|---|
| %X | 格式化无符号十六进制数（大写） |
| %f | 格式化浮点数字，可指定小数点后的位数 |
| %e | 用科学计数法格式化浮点数 |
| %E | 作用同%e，用科学计数法格式化浮点数 |
| %g | %f 和%e 的简写 |
| %G | %f 和%e 的简写 |
| %p | 用十六进制数格式化变量的地址 |

要将“hello world”加双引号输出时，若直接在 print()函数的引号内多加一对双引号，则程序会报错。

【例 2-4】 直接在 print()的引号内多加一对双引号，在 PyCharm 中尝试复现该错误。

```
print("I want to say "%s", you can say "%s"" %("hello world", "hello world"))
```

语法错误结果如图 2-33 所示。

```
print
D:\Python\basis\venv\Scripts\python.exe D:/Python/basis/print.py
  File "D:/Python/basis/print.py", line 7
    print("I want to say "%s", you can say "%s"" %("hello world", "hello world"))
                                                ^
SyntaxError: invalid syntax

Process finished with exit code 1
```

图 2-33 语法错误结果

如果要在字符串内部包含“”符号，需要用转义字符“\”来标识。

【例 2-5】 在 PyCharm 中为字符串添加转义字符，输出引号。

```
print("I want to say \"%s\", you can say \"%s\"" %("hello world", "hello world"))
```

转义标识输出结果如图 2-34 所示。

```
print
D:\Python\basis\venv\Scripts\python.exe D:/Python/basis/print.py
I want to say "hello world", you can say "hello world"

Process finished with exit code 0
```

图 2-34 转义标识输出结果

从 Python 2.6 开始新增了一种格式化字符串的函数 format()，它增强了字符串格式化的功能。通过“{}”“:”来代替以前的“%”。

【例 2-6】 在 PyCharm 中用 format()函数进行输出操作，将之前的代码注释掉。

```
# 不设置指定位置，按默认顺序
print("I want to say \"{} {}\", you can say \"{} {}\"".format("hello", "world",
"hello", "world"))
```

在使用 format()函数格式化时，print()函数输出的字符串中的“{}”会按 format()函数中参数的默认顺序填充，每一个“{}”对应着一个参数，默认顺序输出结果如图 2-35 所示。

```
print ×
D:\Python\basis\venv\Scripts\python.exe D:/Python/basis/print.py
I want to say "hello world", you can say "hello world"

Process finished with exit code 0
```

图 2-35　默认顺序输出结果

【例 2-7】 如果“{}”中有参数，则 Python 会按 format()函数指定的位置填充并输出字符串，在 PyCharm 中尝试输入代码。

```
# 指定位置，按位置顺序输出
print("I want to say \"{0} {1}\", you can say \"{0} {1}\"".format("hello", "world"))
```

按指定位置输出的结果如图 2-36 所示。

```
print ×
D:\Python\basis\venv\Scripts\python.exe D:/Python/basis/print.py
I want to say "hello world", you can say "hello world"

Process finished with exit code 0
```

图 2-36　按指定位置输出的结果

## 2.3.2　Python 运算符

运算符可针对一个以上的操作数项目进行运算操作，例如，2+3=5，2 和 3 是操作数，+是运算符。

### 1. Python 运算符类型

Python 语言支持算术运算符、比较运算符、赋值运算符、位运算符、逻辑运算符、成员运算符、身份运算符。

（1）算术运算符

Python 算术运算符及其描述如表 2-3 所示。

表 2-3　Python 算术运算符及其描述

| 运算符 | 描述 |
| --- | --- |
| + | 加法运算 |
| - | 减法运算 |
| * | 乘法运算 |
| / | 除法运算 |
| % | 取余运算 |
| // | 取整运算（向下取整） |
| ** | 乘幂运算 |

【例 2-8】 在了解了算术运算符之后编写实例进行验证，在 basis 目录下新建文件，命名为 arithmetic.py，学习 Python 算术运算符的操作，在 PyCharm 中编写代码。

```
operand_a = 5
operand_b = 2
operand_c = 0

# 加法运算
operand_c = operand_a + operand_b
print("{} + {} = {}".format(operand_a, operand_b, operand_c))

# 减法运算
operand_c = operand_a - operand_b
print("{} - {} = {}".format(operand_a, operand_b, operand_c))

# 乘法运算
operand_c = operand_a * operand_b
print("{} * {} = {}".format(operand_a, operand_b, operand_c))

# 除法运算
operand_c = operand_a / operand_b
print("{} / {} = {}".format(operand_a, operand_b, operand_c))

# 取余运算
operand_c = operand_a % operand_b
print("{} % {} = {}".format(operand_a, operand_b, operand_c))

# 取整运算
operand_c = operand_a // operand_b
print("{} // {} = {}".format(operand_a, operand_b, operand_c))

# 乘幂运算
operand_c = operand_a ** operand_b
print("{} ** {} = {}".format(operand_a, operand_b, operand_c))
```

算术运算过程得到的结果如图 2-37 所示。

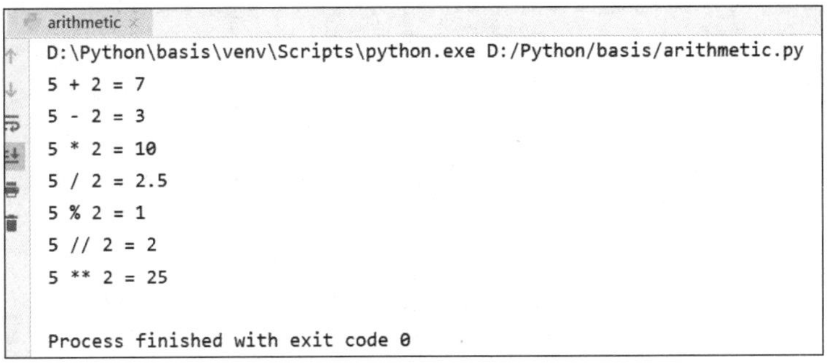

```
arithmetic
D:\Python\basis\venv\Scripts\python.exe D:/Python/basis/arithmetic.py
5 + 2 = 7
5 - 2 = 3
5 * 2 = 10
5 / 2 = 2.5
5 % 2 = 1
5 // 2 = 2
5 ** 2 = 25

Process finished with exit code 0
```

图 2-37 算术运算过程得到的结果

（2）比较运算符

Python 比较运算符及其描述如表 2-4 所示。

表 2-4　Python 比较运算符及其描述

| 运算符 | 描述 |
| --- | --- |
| == | 等于号，比较是否相等，相等则返回 True，否则返回 False |
| > | 大于号，比较前者是否大于后者，大于则返回 True，否则返回 False |
| < | 小于号，比较前者是否小于后者，小于则返回 True，否则返回 False |
| >= | 大于等于号，比较前者是否大于等于后者，大于等于则返回 True，否则返回 False |
| <= | 小于等于号，比较前者是否小于等于后者，小于等于则返回 True，否则返回 False |
| != | 不等于号，比较两者是否不相等，不等于则返回 True，否则返回 False |

在 Python 2 中，比较运算符“<>”的功能类似于“!=”，但该运算符在 Python 3 中被取消了。

【例 2-9】 在了解了比较运算符之后编写实例进行验证，在 basis 目录下新建文件，命名为 comparison.py，学习 Python 比较运算符的操作，在 PyCharm 中输入代码。

```
operand_a = 5
operand_b = 5
operand_c = 2

# 等于号
print("{} == {} ? [{}]".format(operand_a, operand_b, operand_a == operand_b))
print("{} == {} ? [{}]".format(operand_a, operand_c, operand_a == operand_c))

# 大于号
print("{} > {} ? [{}]".format(operand_a, operand_b, operand_a > operand_b))
print("{} > {} ? [{}]".format(operand_a, operand_c, operand_a > operand_c))

# 小于号
print("{} < {} ? [{}]".format(operand_a, operand_b, operand_a < operand_b))
print("{} < {} ? [{}]".format(operand_c, operand_a, operand_c < operand_a))

# 大于等于号
print("{} >= {} ? [{}]".format(operand_a, operand_b, operand_a >= operand_b))
print("{} >= {} ? [{}]".format(operand_c, operand_a, operand_c >= operand_a))

# 小于等于号
print("{} <= {} ? [{}]".format(operand_a, operand_b, operand_a <= operand_b))
print("{} <= {} ? [{}]".format(operand_a, operand_c, operand_a <= operand_c))

# 不等于号
print("{} != {} ? [{}]".format(operand_a, operand_b, operand_a != operand_b))
print("{} != {} ? [{}]".format(operand_a, operand_c, operand_a != operand_c))
```

比较运算过程得到的结果如图 2-38 所示。

（3）赋值运算符

Python 赋值运算符及其描述如表 2-5 所示。

```
D:\Python\basis\venv\Scripts\python.exe D:/Python/basis/comparison.py
5 == 5 ? [True]
5 == 2 ? [False]
5 > 5 ? [False]
5 > 2 ? [True]
5 < 5 ? [False]
2 < 5 ? [True]
5 >= 5 ? [True]
2 >= 5 ? [False]
5 <= 5 ? [True]
5 <= 2 ? [False]
5 != 5 ? [False]
5 != 2 ? [True]

Process finished with exit code 0
```

图 2-38　比较运算过程得到的结果

**表 2-5　Python 赋值运算符及其描述**

| 运算符 | 描述 |
|---|---|
| = | 简单的赋值，右侧赋值给左侧 |
| += | 加法赋值运算符，左侧加右侧赋值给左侧 |
| -= | 减法赋值运算符，左侧减右侧赋值给左侧 |
| *= | 乘法赋值运算符，左侧乘右侧赋值给左侧 |
| /= | 除法赋值运算符，左侧除以右侧赋值给左侧 |
| %= | 取余赋值运算符，右侧对左侧取余赋值给左侧 |
| //= | 取整赋值运算符，右侧对左侧取整赋值给左侧 |
| **= | 乘幂赋值运算符，左侧为底数，右侧为指数，将幂赋值给左侧 |

【例 2-10】 在了解了赋值运算符之后编写实例进行验证，在 basis 目录下新建文件，命名为 assignment.py，学习 Python 赋值运算符的操作，在 PyCharm 中输入代码。

```
operand_a = 5
operand_b = 2
operand_c = 0

# 简单的赋值
operand_c = operand_a
print("{} = {}:".format(operand_c, operand_a))
print("{} = {}".format("operand_c", operand_c))

# 加法赋值
operand_c = operand_a
print("{} += {}:".format(operand_c, operand_b))
operand_c += operand_b
print("{} = {}".format("operand_c", operand_c))

# 减法赋值
operand_c = operand_a
```

```
print("{} -= {}:".format(operand_c, operand_b))
operand_c -= operand_b
print("{} = {}".format("operand_c", operand_c))

# 乘法赋值
operand_c = operand_a
print("{} *= {}:".format(operand_c, operand_b))
operand_c *= operand_b
print("{} = {}".format("operand_c", operand_c))

# 除法赋值
operand_c = operand_a
print("{} /= {}:".format(operand_c, operand_b))
operand_c /= operand_b
print("{} = {}".format("operand_c", operand_c))

# 取余赋值
operand_c = operand_a
print("{} %= {}:".format(operand_c, operand_b))
operand_c %= operand_b
print("{} = {}".format("operand_c", operand_c))

# 取整赋值
operand_c = operand_a
print("{} //= {}:".format(operand_c, operand_b))
operand_c //= operand_b
print("{} = {}".format("operand_c", operand_c))

# 乘幂赋值
operand_c = operand_a
print("{} **= {}:".format(operand_c, operand_b))
operand_c **= operand_b
print("{} = {}".format("operand_c", operand_c))
```

赋值运算过程得到的结果如图 2-39 所示。

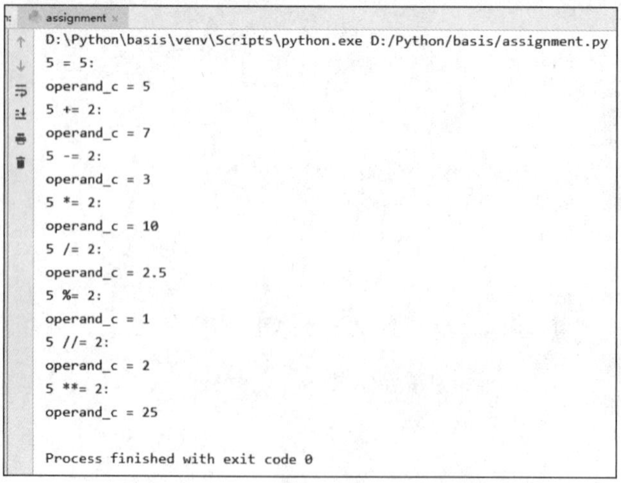

```
D:\Python\basis\venv\Scripts\python.exe D:/Python/basis/assignment.py
5 = 5:
operand_c = 5
5 += 2:
operand_c = 7
5 -= 2:
operand_c = 3
5 *= 2:
operand_c = 10
5 /= 2:
operand_c = 2.5
5 %= 2:
operand_c = 1
5 //= 2:
operand_c = 2
5 **= 2:
operand_c = 25

Process finished with exit code 0
```

图 2-39　赋值运算过程得到的结果

（4）位运算符

Python 位运算符及其描述如表 2-6 所示。

**表 2-6　Python 位运算符及其描述**

| 运算符 | 描述 |
| --- | --- |
| & | 按位与运算，二进制上的与运算，有 0 为 0 |
| \| | 按位或运算，二进制上的或运算，有 1 为 1 |
| ~ | 按位取反运算，二进制上的取反 |
| << | 左移，二进制上的左移 |
| >> | 右移，二进制上的右移 |
| ^ | 按位异或运算，二进制上的异或，相同为 0 |

【例 2-11】在了解了位运算符之后编写实例进行验证，在 basis 目录下新建文件，命名为 bit.py，学习 Python 位运算符的操作，在 PyCharm 中输入代码。

```
operand_a = 5  # 5(DEC) == 0101(BIN)
operand_b = 2  # 2(DEC) == 0010(BIN)
operand_c = 0  # 0(DEC) == 0000(BIN)

# 按位与运算
operand_c = operand_a & operand_b
print("{} & {} = {}".format(operand_a, operand_b, operand_c))

# 按位或运算
operand_c = operand_a | operand_b
print("{} | {} = {}".format(operand_a, operand_b, operand_c))

# 按位取反运算
operand_c = ~operand_a
print("~{} = {}".format(operand_a, operand_c))

# 左移
operand_c = operand_a << 1
print("{} << 1 = {}".format(operand_a, operand_c))

# 右移
operand_c = operand_a >> 1
print("{} >> 1 = {}".format(operand_a, operand_c))

# 按位异或运算
operand_c = operand_a ^ operand_b
print("{} ^ {} = {}".format(operand_a, operand_b, operand_c))
```

位运算过程得到的结果如图 2-40 所示。

（5）逻辑运算符

Python 逻辑运算符及其描述如表 2-7 所示。

```
D:\Python\basis\venv\Scripts\python.exe D:/Python/basis/bit.py
5 & 2 = 0
5 | 2 = 7
~5 = -6
5 << 1 = 10
5 >> 1 = 2
5 ^ 2 = 7

Process finished with exit code 0
```

图 2-40　位运算过程得到的结果

表 2-7　Python 逻辑运算符及其描述

| 运算符 | 描述 |
|---|---|
| and | 布尔与 |
| or | 布尔或 |
| not | 布尔非 |

布尔与、布尔或、布尔非不仅能对布尔值进行运算，还可以对其他类型进行运算。布尔与为 x and y，如果 x 为 True 则返回 y 值，如果 x 为 False 则返回 x 值。布尔或为 x or y，如果 x 为 True 则返回 x 值，如果 x 为 False 则返回 y 值。

【例 2-12】 在了解了逻辑运算符之后编写实例进行验证，在 basis 目录下新建文件，命名为 logic.py，学习 Python 逻辑运算符的操作，在 PyCharm 中输入代码。

```
operand_a = 5
operand_b = 2
operand_c = 0
operand_d = 0

# 布尔与
operand_d = operand_a and operand_b
print("{} and {} = {}".format(operand_a, operand_b, operand_d))
operand_d = operand_a and operand_c
print("{} and {} = {}".format(operand_a, operand_c, operand_d))
operand_d = operand_c and operand_a
print("{} and {} = {}".format(operand_c, operand_a, operand_d))
operand_d = operand_c and operand_c
print("{} and {} = {}".format(operand_c, operand_c, operand_d))

# 布尔或
operand_d = operand_a or operand_b
print("{} or {} = {}".format(operand_a, operand_b, operand_d))
operand_d = operand_a or operand_c
print("{} or {} = {}".format(operand_a, operand_c, operand_d))
operand_d = operand_c or operand_a
print("{} or {} = {}".format(operand_c, operand_a, operand_d))
operand_d = operand_c or operand_c
print("{} or {} = {}".format(operand_c, operand_c, operand_d))
```

```
# 布尔非
operand_d = not operand_a
print("not {} = {}".format(operand_a, operand_d))
operand_d = not operand_c
print("not {} = {}".format(operand_c, operand_d))
```

逻辑运算过程得到的结果如图 2-41 所示。

```
logic
D:\Python\basis\venv\Scripts\python.exe D:/Python/basis/logic.py
5 and 2 = 2
5 and 0 = 0
0 and 5 = 0
0 and 0 = 0
5 or 2 = 5
5 or 0 = 5
0 or 5 = 5
0 or 0 = 0
not 5 = False
not 0 = True

Process finished with exit code 0
```

图 2-41　逻辑运算过程得到的结果

（6）成员运算符

Python 成员运算符及其描述如表 2-8 所示。

表 2-8　Python 成员运算符及其描述

| 运算符 | 描述 |
| --- | --- |
| in | 在指定的序列中找到值则返回 True，否则返回 False |
| not in | 在指定的序列中没有找到值则返回 True，否则返回 False |

【例 2-13】 在了解了成员运算符之后，编写实例进行验证，在 basis 目录下新建文件，命名为 member.py，学习 Python 成员运算符的操作，在 PyCharm 中输入代码。这个例子运用了列表的概念，这里只了解列表是有序的对象集合即可。

```
operand_a = 5
operand_b = 2
list = [1, 3, 5, 7]

print("{} in {} ? [{}]".format(operand_a, list, operand_a in list))
print("{} in {} ? [{}]".format(operand_b, list, operand_b in list))
```

成员运算过程得到的结果如图 2-42 所示。

```
member
D:\Python\basis\venv\Scripts\python.exe D:/Python/basis/member.py
5 in [1, 3, 5, 7] ? [True]
2 in [1, 3, 5, 7] ? [False]

Process finished with exit code 0
```

图 2-42　成员运算过程得到的结果

（7）身份运算符

Python 身份运算符及其描述如表 2-9 所示。

表 2-9　Python 身份运算符及其描述

| 运算符 | 描述 |
| --- | --- |
| is | is 用于判断两个标识符是不是引用自一个对象，如果是则返回 True |
| not is | not is 用于判断两个标识符是不是引用自不同对象，如果是则返回 True |

is 与==是有区别的，is 用于判断两个变量引用的对象是否为同一个（同一块内存空间），==用于判断引用变量的值是否相等，a is b 相当于 id(a)==id(b)，id()能够获取对象的内存地址。

【例 2-14】 在了解了身份运算符之后编写实例进行验证，在 basis 目录下新建文件，命名为 identity.py，学习 Python 身份运算符的操作，在 PyCharm 中输入代码。

```
    operand_a = 5
    operand_b = 5
    operand_c = 2

    print("{} is {} ? [{}]".format(operand_a, operand_b, operand_a is operand_b))
    print("{} is not {} ? [{}]".format(operand_a, operand_b, operand_a is not
operand_b))
    print("{} is {} ? [{}]".format(operand_a, operand_c, operand_a is operand_c))
    print("{} is not {} ? [{}]".format(operand_a, operand_c, operand_a is not
operand_c))
```

身份运算过程得到的结果如图 2-43 所示。

```
5 is 5 ? [True]
5 is not 5 ? [False]
5 is 2 ? [False]
5 is not 2 ? [True]
```

图 2-43　身份运算过程得到的结果

以上例子都是在 IDE 模式下运行的，但是在交互模式下，为了提高内存利用效率，对于一些简单的对象，如一些数值较小的 int 对象，Python 采取重用对象内存的方法。如 a=5，b=5 时，由于 5 为简单的 int 类型且数值小，所以 Python 不会为这两个变量分配两次内存，仅分配一次。但是当对象变大，例如，a=5000，b=5000 时，如果对象定义时不在同一行，那么 is 的判断结果是 False，但是在同一行定义对象时，is 的判断结果就是 True。当然，如果 a 和 b 是浮点型数据，则其比较结果与 a=5000，b=5000 的比较结果是一致的。

【例 2-15】 Python 交互模式下尝试 is 运算符的使用。

```
    >>> a = 5
    >>> b = 5
    >>> a is b
    True
    >>> a = 5000
    >>> b = 5000
    >>> a is b
```

```
False
>>> a = 5000;b=5000
>>> a is b
True
>>> a = 5.0
>>> b = 5.0
>>> a is b
False
>>> a = 5.0;b = 5.0
>>> a is b
True
```

**2. Python 运算符优先级**

一个表达式中可能包含多个不同运算符，由于该表达式有多种运算，所以不同的运算顺序可能得出不同的结果甚至出现错误的运算结果。当表达式中含有多种运算时，必须按一定顺序将其进行结合才能保证运算的合理性和结果的正确性、唯一性。Python 运算符优先级及其描述如表 2-10 所示，表中从上到下优先级依次降低。

**表 2-10　Python 运算符优先级及其描述**

| 运算符 | 描述 |
| --- | --- |
| ** | 指数（最高优先级） |
| +、-、~ | 正负号、按位取反 |
| *、/、%、// | 乘、除、取余、取整除 |
| +、- | 加法、减法 |
| >>、<< | 右移、左移 |
| & | 按位与 |
| ^、\| | 按位异或、按位或 |
| <=、>=、<、> | 小于等于、大于等于、小于、大于 |
| ==、!= | 等于、不等于 |
| =、%=、/=、//=、-=、+=、*=、**= | 赋值运算符 |
| is、is not | 身份运算符 |
| in、not in | 成员运算符 |
| not、and、or | 逻辑运算符 |

### 2.3.3 Python 数据类型

在创建变量时，内存会开辟一块空间，可以存储整数、小数或字符，内存中的变量可以指定为不同的数据类型。

Python 中的变量赋值与 C 语言是有区别的，它不需要 int、double 等关键字进行类型声明，但是每个变量在使用前都必须赋值，赋值以后该变量才会被创建。Python 利用赋值运算符为变量赋值，其中，运算符左边是一个变量名，运算符右边是存储在变量中的内容。

### 1. 数字

Python 数字类型用于存储数值。

数字类型是不允许改变的，这就意味着如果改变数字类型的值，Python 将重新分配一个对象。

Python 支持 4 种不同的数字类型。

（1）有符号整型（int）：可以是正整数或负整数，不带小数点。

（2）长整型（long）：long 类型只存在于 Python 2.X 版本中。在 Python 2.2 以后的版本中，int 类型数据溢出后会自动转换为 long 类型。在 Python 3.X 版本中，long 类型被 int 类型替代。

（3）浮点型（float）：浮点型由整数部分与小数部分组成，也可以使用科学计数法表示（2.5e2=250）。

（4）复数（complex）：复数由实数部分和虚数部分构成，可以用 a+bj 或 complex(a,b)表示。复数的实部 a 和虚部 b 都是浮点型。

### 2. 字符串

为了方便查看结果，本小节使用 Python 交互模式编程。

在 Python 中，声明时使用双引号或者单引号的数据类型称为字符串，它是一种表示文本的数据类型。Python 字符串有两种取值顺序：从左到右索引默认从 0 开始，索引的最大范围的值是字符串长度减 1；从右到左索引是从-1 开始的。

**【例 2-16】** 实现 Python 字符串索引。

```
>>> string = "abcdef"
>>> string[0]
'a'
>>> string[-1]
'f'
```

使用“变量[头下标:尾下标]”的形式可以截取相应的字符串，实际取值范围是前闭后开的，其中，若头下标不填充，则默认从 0 开始算起。下标可以是正数或负数，代表从左向右索引还是从右向左索引，下标为空表示取到头或尾。字符串被截取后会返回一个新的对象，其中包含截取到的全部内容。

**【例 2-17】** 实现 Python 字符串截取索引。

```
>>> string = "abcdef"
>>> string[0:6]
'abcdef'
>>> string[:-1]
'abcde'
>>> string[0:]
'abcdef'
```

加号“+”可以连接两个字符串，星号“*”可以复制某个字符串，星号“*”后的数字是复制次数。

**【例 2-18】** 实现 Python 连接字符串以及复制字符串。

```
>>> string1 = "abc"
>>> string2 = "def"
>>> string1 + string2
'abcdef'
```

```
>>> string1 * 2
'abcabc'
```

在字符串中可能会出现中文，但是计算机只能处理数字，所以就涉及编码问题。如果字符串中没有中文，则只需 ASCII 码就可以完成编码任务。由于加入中文后，ASCII 的位数不够，所以我国制定了 GB2312 编码方式。使用该编码方式可实现中文编码，但是全世界的语言有很多种，每一种语言都有属于自己的编码方式，因此编码方式太多，太过混乱。基于此，Unicode 诞生了，Unicode 可将所有的语言统一到一套编码里。ASCII 编码是一个字节，Unicode 编码通常是两个字节，有些生僻字是 4 个字节，因此会出现一个问题，如果整个代码或者文本里面全部都是英文，而没有中文，那么内存上就需要多出一倍的存储空间，这对存储和传输都十分不利，所以要将 Unicode 编码进行升级，即出现了 UTF-8 编码。UTF-8 编码是可变长的，英文是一个字节，一般中文是 3 个字节，生僻字是 4～6 个字节。使用 UTF-8 编码可以尽可能地节省内存，提高效率。所以在计算机内存中，统一使用 Unicode 编码，当编码内容保存在硬盘或者需要传输的时候，会转换为 UTF-8。

由于.py 文件也是一个文本文件，所以就需要将其保存为 UTF-8 编码。在解释器读取文件的时候，为了使其按 UTF-8 编码格式读取，通常在文件开头加上编码类型：

```
# -*- coding: utf-8 -*-
```

在 PyCharm 中，可以在软件右下方选择编码格式，如图 2-44 所示。

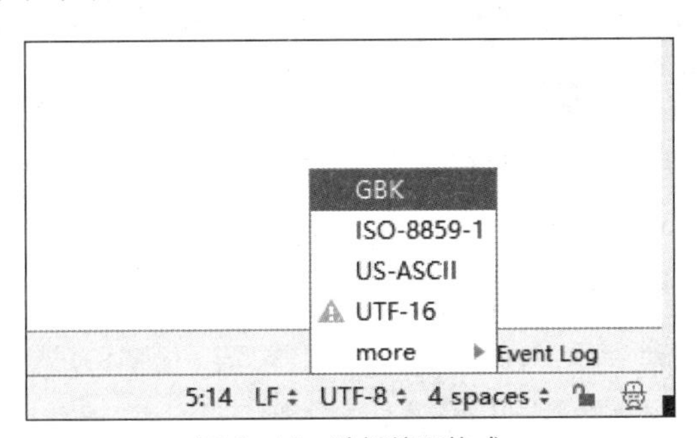


图 2-44　选择编码格式

如果在文件开头加上编码类型，就需要对编码格式进行修改。

### 3. 列表

列表（List）是 Python 中使用非常频繁的数据类型。列表可以完成大多数集合类数据结构的实现，列表中的元素可以是数字、字符串，甚至可以是列表（即嵌套）。列表用“[ ]”标识。

创建一个列表，只需要在方括号中添加元素并用逗号隔开即可。

【例 2-19】 创建 Python 列表。

```
>>> list = []  # 创建空列表
>>> list = [1, 5, "aaa", [3, 4, "bbb"], 6]
>>> list
[1, 5, 'aaa', [3, 4, 'bbb'], 6]
```

列表中的每个元素都分配一个索引值，第一个元素索引是 0，第二个元素索引是 1，以此类推。列表可以进行索引、切片、加、乘、检查成员等操作。

【例 2-20】 检索 Python 列表。

```
>>> list = [1, 5, "aaa", [3, 4, "bbb"], 6]
>>> list[0]
1
>>> list[2]
'aaa'
>>> list[3]
[3, 4, 'bbb']
>>> list[3][1]
4
```

列表中可以用变量[头下标:尾下标]的方式实现元素的切割，实际取值范围是前闭后开，从左到右索引默认从 0 开始，从右到左索引默认从-1 开始，下标为空表示取到头或尾。

加号“+”可以连接两个列表，星号“*”可以复制某个列表，星号“*”后紧跟的数字是复制次数。

【例 2-21】 Python 列表截取索引。

```
>>> list = [1, 5, "aaa", [3, 4, "bbb"], 6]
>>> list[1:3]
[5, 'aaa']
>>> list[:-1]
[1, 5, 'aaa', [3, 4, 'bbb']]
>>> list[2:]
['aaa', [3, 4, 'bbb'], 6]
>>> list * 2
[1, 5, 'aaa', [3, 4, 'bbb'], 6, 1, 5, 'aaa', [3, 4, 'bbb'], 6]
```

列表中的元素通常使用 del 语句来删除。

【例 2-22】 删除 Python 列表元素。

```
>>> list = [1, 5, "aaa", [3, 4, "bbb"], 6]
>>> list
[1, 5, 'aaa', [3, 4, 'bbb'], 6]
>>> del list[2]
>>> list
[1, 5, [3, 4, 'bbb'], 6]
```

**4．元组**

元组（Tuple）类似于列表（List），用“( )”标识，内部元素用逗号隔开。元组不能二次赋值，相当于只读的列表。

只需在括号中添加元素，并使用逗号隔开元素，即可创建元组。

【例 2-23】 创建 Python 元组。

```
>>> tup = ()       # 创建空元组
>>> tup = (1,)     # 元组中只有一个元素时，必须用逗号隔开，防止被作为括号运算
>>> tup
(1,)
>>> tup = (1, 5, "aaa", [3, 4, "bbb"], 6)
>>> tup
(1, 5, 'aaa', [3, 4, 'bbb'], 6)
```

【例 2-24】 元组利用下标索引访问其中的元素。

```
>>> tup = (1, 5, "aaa", [3, 4, "bbb"], 6)
>>> tup
(1, 5, 'aaa', [3, 4, 'bbb'], 6)
>>> tup[1]
5
>>> tup[3]
[3, 4, 'bbb']
>>> tup[3][1]
4
```

【例 2-25】 元组的元素值可以连接组合，但是不允许被修改，如果修改元组的元素值，程序会直接报错。

```
>>> tup = (1, 5, "aaa", [3, 4, "bbb"], 6)
>>> tup
(1, 5, 'aaa', [3, 4, 'bbb'], 6)
>>> tup * 2
(1, 5, 'aaa', [3, 4, 'bbb'], 6, 1, 5, 'aaa', [3, 4, 'bbb'], 6)
>>> tup + tup
(1, 5, 'aaa', [3, 4, 'bbb'], 6, 1, 5, 'aaa', [3, 4, 'bbb'], 6)
>>> tup[0] = 3
Traceback (most recent call last):
  File "<stdin>", line 1, in <module>
TypeError: 'tuple' object does not support item assignment
```

**5. 字典**

字典（Dictionary）是无序的对象集合，用“{}”标识。字典由键（key）和它对应的值（value）组成。key 可以是数字类型或字符串类型，value 的数据类型不限，字典的每个 key 与 value 之间用冒号“:”隔开。

【例 2-26】 字典可以先创建，后赋值。

```
>>> dict = {}
>>> dict["one"] = "this is one"
>>> dict[2] = 2
>>> dict
{'one': 'this is one', 2: 2}
```

【例 2-27】 访问字典里面的值，需要将相应的键放入方括号。

```
>>> dict = {"one": "this is one", 2: 2, 3 : [1, 5, "aa"]}
>>> dict
{'one': 'this is one', 2: 2, 3: [1, 5, 'aa']}
>>> dict["one"]
'this is one'
>>> dict[3]
[1, 5, 'aa']
```

【例 2-28】 为字典添加新内容的方法是增加新的键与其对应的值，修改字典内容的方法是为原有的键赋新的值。

```
>>> dict = {"one": "this is one", 2: 2, 3 : [1, 5, "aa"]}
>>> dict
{'one': 'this is one', 2: 2, 3: [1, 5, 'aa']}
>>> dict[2] = "this is two"
```

```
>>> dict
{'one': 'this is one', 2: 'this is two', 3: [1, 5, 'aa']}
>>> dict[4] = 4
>>> dict
{'one': 'this is one', 2: 'this is two', 3: [1, 5, 'aa'], 4: 4}
```

【例 2-29】 可以删除字典中的某一对元素或者清空字典。

```
>>> dict = {"one": "this is one", 2: 2, 3 : [1, 5, "aa"]}
>>> dict
{'one': 'this is one', 2: 2, 3: [1, 5, 'aa']}
>>> del dict[2]  # 删除键是 2 的条目
>>> dict
{'one': 'this is one', 3: [1, 5, 'aa']}
>>> dict
{'one': 'this is one', 3: [1, 5, 'aa']}
>>> dict.clear()  # 清空字典所有条目
>>> dict
{}
>>> del dict  # 删除字典
>>> dict
<class 'dict'>
```

#### 6. 数据类型转换

进行数据类型转换时，需要将转换后的数据类型作为函数名，数据类型转换函数及其说明如表 2-11 所示。

表 2-11 数据类型转换函数及其说明

| 函数 | 说明 |
| --- | --- |
| int(x [,base]) | 将 x 转换为一个整数 |
| long(x [,base] ) | 将 x 转换为一个长整数 |
| float(x) | 将 x 转换为一个浮点数 |
| complex(real [,imag]) | 创建一个复数 |
| str(x) | 将对象 x 转换为字符串 |
| repr(x) | 将对象 x 转换为表达式字符串 |
| eval(str) | 用来计算字符串中的有效 Python 表达式，并返回一个对象 |
| tuple(s) | 将序列 s 转换为一个元组 |
| list(s) | 将序列 s 转换为一个列表 |
| set(s) | 将 s 转换为可变集合 |
| dict(d) | 创建一个字典，d 必须是一个序列(key,value)元组 |
| frozenset(s) | 将 s 转换为不可变集合 |
| chr(x) | 将一个整数转换为字符 |
| unichr(x) | 将一个整数转换为 Unicode 字符 |
| ord(x) | 将一个字符转换为它的整数值 |
| hex(x) | 将一个整数转换为十六进制字符串 |
| oct(x) | 将一个整数转换为八进制字符串 |

### 2.3.4 Python 语句

Python 语句大致可分为条件语句和循环语句两种。

### 1. 条件语句

为了方便查看结果，本小节均使用 Python 交互模式编程。

Python 条件语句通过一条或多条语句的执行结果（True 或 False）来决定是否执行代码块。

Python 与其他语言的区别之一是 Python 不使用大括号“{}”来控制代码块范围，而是使用缩进限定代码块，缩进的空白数量是可变的，但是同一个代码块内的语句必须包含相同的缩进。非同一个代码块的缩进量可以不同，但建议整个项目使用相同的缩进量，以便于阅读。

**【例 2-30】** 尝试 Python 的缩进规则。

```
>>> if True:
...     print("True")
```

Python 语言规定：任何非 0 和非空（Null）值为 True，0 或者空值为 False。条件语句的执行过程如图 2-45 所示。

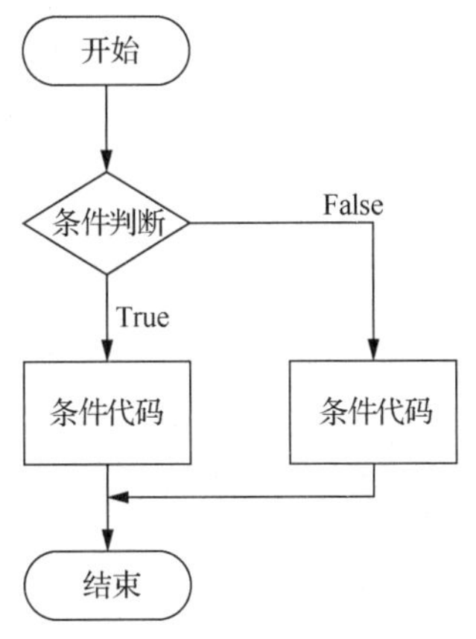


图 2-45 条件语句的执行过程

Python 中 if 语句用于控制代码块是否执行，基本形式为：

```
if 判断条件语句:
        执行语句 1
else:
        执行语句 2
```

其中，“判断条件语句”成立（为真）时，执行后面的语句，执行语句可以为单行或者多行，用缩进来区分是否为同一代码块。else 为可选语句，当“判断条件语句”不成立时，执行 else 后的语句。

**【例 2-31】** 学习 Python 中 if...else 的使用。

```
>>> a = True
>>> if a:
...     print("a is true")
... else:
...     print("a is false")
...
a is true
```

除了 if…else 之外，还有 if...elif...else 形式，其基本形式为：

```
if 判断条件语句 1:
    执行语句 1
elif 判断条件语句 2:
    执行语句 2
else:
    执行语句 3
```

当满足"判断条件语句 1"时，执行语句 1，然后整个 if 语句结束。

当不满足"判断条件语句 1"时，判断是否满足"判断条件语句 2"，如果满足，则执行语句 2，然后整个 if 语句结束。

当不满足"判断条件语句 1""判断条件语句 2"时，执行语句 3，然后整个 if 语句结束。

**【例 2-32】** 学习 Python 中 if…elif…else 的使用。

```
>>> a = 23
>>> if a < 10:
...     print("a < 10")
... elif a < 20:
...     print("a < 20")
... else:
...     print("a >= 20")
...
a >= 20
```

if 语句还可以嵌套使用，基本形式为：

```
if 判断条件语句 1:
    执行语句 1
    if 判断条件语句 2:
        执行语句 2
    else:
        执行语句 3
else:
    执行语句 4
```

**【例 2-33】** Python 中 if 语句嵌套的具体使用方法。

```
>>> a = 23
>>> if a > 10:
...     if a > 20:
...             print("a > 20")
...     else:
...             print("10 < a < 20")
... else:
...     print("a <= 10")
...
a > 20
```

### 2. 循环语句

需要多次重复执行的代码都可以用循环的方式来完成。循环语句可以提高代码的重复使用率，为开发者提供方便。循环语句的执行过程如图 2-46 所示。

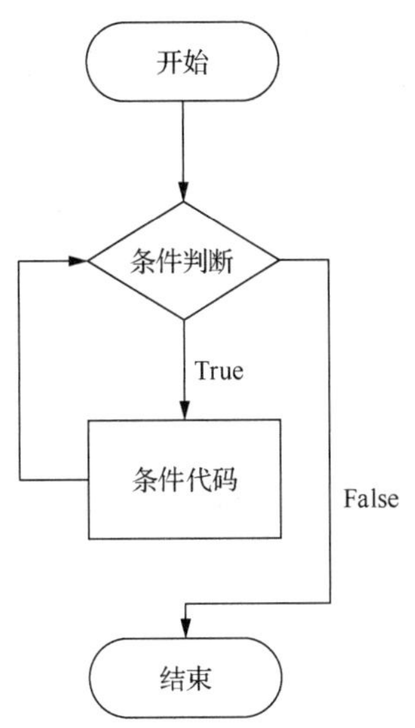


图 2-46　循环语句的执行过程

Python 提供了 for 循环和 while 循环（Python 中没有 do…while 循环）。

Python 编程中，while 语句用于循环执行程序，即在某条件下循环执行某段程序，用来完成需要重复执行的任务。

while 循环基本形式为：

```
while 条件:
        执行语句 1
```

当 while 条件为真时，执行语句 1，直到 while 条件为假，跳出循环。

**【例 2-34】** 学习 Python 中的 while 循环。

```
>>> i = 0
>>> while i < 5:
...    print(i)
...    i += 1
...
0
1
2
3
4
```

当 i 小于 5 的时候，会打印输出 i，然后让 i 加 1，并重新赋值给 i；直到 i 大于或等于 5 时，该循环条件不满足，循环结束。

循环语句还有两个重要的命令：continue 和 break。continue 用于跳过本次循环，break 用于退出循环。此外，“条件”可以是一个常量，表示循环必定成立，除非遇到跳出语句，否则就一直循环，这称为“死循环”。

**【例 2-35】** 学习 Python 中 continue、break 的具体使用。

```
>>> i = 0
>>> while True:
...    i += 1
```

```
...     if i > 6:
...             break
...     else:
...             if i % 2:
...                     print(i)
...             else:
...                     continue
...
1
3
5
```

这里利用“死循环”让代码块中的程序一直循环。当 i>6 时退出循环，当 i 为奇数时将其输出，否则就跳过本次循环，进行下次循环。

Python 中除了 while 循环外还有 for 循环，for 循环可以遍历任何序列的内容，如一个列表或者一个字符串。

for 循环的基本形式为：

```
for 元素 in 序列:
    执行语句 1
```

使用 for 循环遍历列表或者字符串时，需要配合成员运算符 in 完成。

**【例 2-36】** 利用 for 循环遍历字符串和列表。

```
>>> for letter in "Python":
...     print(letter)
...
P
y
t
h
o
n
>>> for letter in [1, "a"]:
...     print(letter)
...
1
a
```

for 循环不仅可以通过元素来遍历，还可以通过下角标来遍历。

**【例 2-37】** 利用 for 循环，通过下角标遍历字符串和列表。

```
a = "Python"
>>> for i in range(len(a)):
...     print(a[i])
...
P
y
t
h
o
n
>>> a = [1, "a"]
>>> for i in range(len(a)):
```

```
...     print(a[i])
...
1
a
```

### 2.3.5 Python 函数

函数是由具有独立功能的代码块组成的一个模块，函数能提高代码的模块性和重复利用率。Python 提供了许多内置函数，如 print()。开发者自己可以创建函数，自己创建的函数称为用户自定义函数。

定义函数格式：

```
def 函数名():
                代码
```

使用函数名可实现调用。

【例 2-38】 完成简单的函数并调用。

```
>>> def caculate():
...     a = 1
...     b = 2
...     c = a + b
...     print(c)
...
>>> caculate()
3
```

#### 1. 带参数的函数

带参数的函数定义时需要在函数小括号内添加多个参数名称，调用时需要在小括号内加入要传递的参数的值。

基本格式为：

```
def 函数名(参数名 1, 参数名 2, ...) :
                函数执行代码
```

【例 2-39】 完成一个带参数的函数，功能为将两个参数相加并调用。

```
>>> def caculate(a, b):
...     c = a + b
...     print(c)
...
>>> caculate(1, 2)
3
```

参数 a 对应 1，b 对应 2，在调用函数时将参数传递进去，得到的 c 就是 1 与 2 之和。

当调用函数时，参数的值如果没有传入，则被认为是默认值。带有默认值的参数一定要位于参数列表的最后面。

当一个函数要处理比声明时更多的参数时，这些待处理的参数称为不定长参数，声明时不会命名。

含有不定长参数的函数格式为：

```
def 函数名(参数名 1,*args,**kwarg):
                函数执行代码
```

args 是元组，加“*”表示 args 可以存放所有未命名的变量参数；kwarg 是字典，加“**”表示 kwarg 可以存放命名参数，如 key=value 的参数。

**2. 带返回值的函数**

要使函数返回结果给调用者，需要在函数中使用 return 语句。

带返回值的函数的基本格式为：

```
def 函数名(参数名1，参数名2，...) :
      函数执行代码
      return 结果值
```

【例 2-40】 完成一个带返回值的函数并调用。

```
>>> def caculate(a, b):
...     c = a + b
...     return c
...
>>> d = caculate(1, 2)
>>> print(d)
3
```

返回多个值时，需要赋值给多个变量。

## 2.4 面向对象

对象是人对各种具体物体进行抽象之后的概念，如一本书就是一个对象。对象有很多特性，如高度、宽度、颜色等。对象还有很多功能，如一部手机，可以听歌、看视频、打电话，这些可以理解成一个对象的技能。

在 Python 中，用变量表示特征，用函数表示技能，具有相同特征和技能的一类事物就是“类”，对象则是这一类事物中具体的一个。

在 Python 中，所有数据类型都可以视为对象。用户也可以自定义对象，自定义对象的数据类型就是面向对象中类（Class）的概念。

面向对象编程是一种编程方式。此编程方式需要使用“类”“对象”来实现，所以，面向对象编程其实就是对“类”“对象”的使用。每个对象都可以接收其他对象发过来的消息，并处理这些消息，消息在各个对象之间传递，一起协同工作来完成复杂的功能。

下面是关于面向对象的几个名词解释。

（1）类：一个类即是一系列具有相似特征和技能的对象的结合体，如同一个模板。类中定义了这些对象都具备的属性、共同的方法。

（2）属性：人类具有很多特征，把这些特征用程序来描述，就叫作属性，如年龄、身高、性别、姓名等都叫作属性。一个类中可以有多个属性。

（3）方法：人类不仅有身高、年龄、性别等属性，还能做很多事情，如说话、走路、吃饭等，属性是名词，说话、走路、吃饭是动词，这些动词用程序来描述就叫作方法。

（4）实例（对象）：一个类实例化后就是一个对象，一个类必须经过实例化才能在程序中调用执行类中的函数。一个类可以实例化成多个对象，每个对象亦可以有不同的属性，就像人类是指所有人，每个人是指具体的对象，人与人之间有共性，亦有不同。

一个类转变为一个对象的过程称为实例化。

面向过程和面向对象的思想是不同的，面向过程和面向对象的比较如表 2-12 所示。

**表 2-12　面向过程和面向对象的比较**

| | 面向过程 | 面向对象 |
|---|---|---|
| **思想** | 核心是“过程”二字，过程指的是解决问题的步骤，如设计一条流水线 | 特征和技能的结合体 |
| **优点** | 将复杂的问题流程化，进而简单化 | 扩展性好，维护简单，易阅读 |
| **缺点** | 扩展性较差 | 编程复杂度高 |

## 2.5 第三方库的使用

在介绍第三方库之前，需要首先介绍 Python 模块。Python 模块（Module）是以.py 结尾的文件，包含了 Python 对象定义和 Python 语句。它的特点是让开发者能够有逻辑地组织 Python 代码段。把相关的代码分配到一个模块里能让代码更好用，更易懂。模块能定义函数、类和变量，模块也可以包含可执行的代码。库是具有相关功能模块的集合。模块和库其实都是模块，只是具有个体和集合的区别。

V2-3 第三方库的使用

Python 有很多常用的内置模块，如表 2-13 所示。

**表 2-13　Python 常用的内置模块**

| 模块名称 | 模块功能 |
|---|---|
| os 模块 | （文件和目录）用于提供系统级别的操作 |
| sys 模块 | 用于提供对解释器的相关操作 |
| time 和 datetime 模块 | 用于提供与时间相关的操作 |
| random 模块 | 提供产生随机数的操作 |
| logging 模块 | 用于便捷地记录日志和线程安全的模块 |
| json 和 pickle 模块 | 用于数据传输的数据类型模块 |
| shutil 模块 | 高级的文件、文件夹、压缩包的处理模块（递归、文件复制等） |

【例 2-41】 使用内置模块输出系统当前时间，在交互模式下输入代码。

```
>>> import datetime
>>> nowTime=datetime.datetime.now().strftime('%Y-%m-%d %H:%M:%S')
>>> print(nowTime)
2019-06-13 13:06:50
```

第三方库的存在使得 Python 更加灵活。第三方库的安装有以下两种方式。

第一种方式是源文件安装，下载源码进行安装。

第二种方式是使用 pip 工具在线安装。

接下来将介绍 3 个第三方库，先安装将在 2.5.1 小节中介绍的 NumPy。

在交互模式（联网状态）下输入：

```
pip install numpy==1.14.5
```

使用 pip 工具安装时要注意库的版本，输入的内容中："pip"表示使用 pip 工具，"install"表示安装，要卸载需要使用"uninstall"，"numpy"表示要安装的库的名称，"==1.14.5"表示安装的版本号。本书中使用 pip 工具安装的都是现阶段的稳定版本，在安装时如果不加"==1.14.5"则安装最新版本。最新版本和本书中安装的版本可能会出现 API 不兼容的情况，建议依照本书安装对应的版本，pip 工具在线安装 NumPy 界面如图 2-47 所示。

```
C:\Users\Administrator>pip install numpy==1.14.5
Collecting numpy==1.14.5
  Downloading https://files.pythonhosted.org/packages/0d/b7/0c804e0bcba6505f8392d042d5e333a5e06f308e019517111fbc7767a0bc
/numpy-1.14.5-cp36-none-win_amd64.whl (13.4MB)
    100% |████████████████████████████████| 13.4MB 728kB/s
Installing collected packages: numpy
Successfully installed numpy-1.14.5
You are using pip version 10.0.1, however version 19.1.1 is available.
You should consider upgrading via the 'python -m pip install --upgrade pip' command.
```

图 2-47　pip 工具在线安装 NumPy 界面

可以从 Python 包索引网站（PyPI）上将.whl 文件下载下来，执行"pip install *.whl"命令来离线安装第三方库。

安装完成后，在交互模式下输入"import numpy as np"来查看是否报错，其中"np"是 NumPy 的别名。不报错表示安装成功，NumPy 安装成功界面如图 2-48 所示。

```
Python 3.6.7 |Anaconda, Inc.| (default, Oct 28 2018, 19:44:12) [MSC v.1915 64 bit (AMD64)] on win32
Type "help", "copyright", "credits" or "license" for more information.
>>> import numpy as np
>>> _
```

图 2-48　NumPy 安装成功界面

## 2.5.1　NumPy

NumPy（Numerical Python）是 Python 语言的一个扩展程序库，其支持大量的维度数组与矩阵运算，此外也针对数组运算提供了大量的数学函数库。

**1．安装与简介**

NumPy 官网上将 NumPy 概括为：NumPy 具有强大的 *N* 维数组对象 ndarray，广播功能函数，整合 C、C++、Fortran 代码的工具。另外，其还包括傅里叶变换、随机数生成等功能。

NumPy 的特点之一是其 *N* 维数组对象 ndarray，它是一系列同类型数据的集合，以 0 为下标开始进行集合中元素的索引。ndarray 对象是用于存放同类型元素的多维数组。

**2．基础操作**

（1）数组的创建

方式一：通过 array()函数将 Python 的列表或者元组转换为数组，数组中的类型是由列表或者元组原有的数据类型推导出的。

【例2-42】 利用array()函数生成数组，在交互模式下输入以下代码。

```
>>> import numpy as np
>>> a = np.array([2,3,4])                    # 列表转换为NumPy
>>> a
array([2, 3, 4])
>>> a.dtype                                  # NumPy的类型
dtype('int32')
>>> b = np.array((1.2, 3.5, 5.1))            # 元组转换为NumPy
>>> b
array([1.2, 3.5, 5.1])
>>> b.dtype
dtype('float64')
>>> c = np.array([(1.5,2,3), (4,5,6)])       # 二维NumPy
>>> c
array([[1.5, 2. , 3. ],
       [4. , 5. , 6. ]])
>>> c.dtype
dtype('float64')
```

方式二：NumPy提供了几个函数来创建具有初始占位符内容的数组。zeros()函数可以创建一个全为0的数组；ones()函数可以创建一个全为1的数组；empty()函数可以创建一个初始内容随机的数组，其内容取决于内存的状态。默认情况下，创建的数组类型是float64。

【例2-43】 生成具有占位符的数组，在交互模式下输入以下代码。

```
>>> np.zeros((3,4))
array([[0., 0., 0., 0.],
       [0., 0., 0., 0.],
       [0., 0., 0., 0.]])
>>> np.ones((2,3,4), dtype=np.int16)  # 可以指定类型
array([[[1, 1, 1, 1],
        [1, 1, 1, 1],
        [1, 1, 1, 1]],
       [[1, 1, 1, 1],
        [1, 1, 1, 1],
        [1, 1, 1, 1]]], dtype=int16)
>>> np.empty((2,3))
array([[1.5, 2. , 3. ],
       [4. , 5. , 6. ]])
```

方式三：NumPy通过arange()函数得到数组，arange()函数的原型为arange(start, end, step)，起始值为start，终止值为end，但不含终止值，步长为step。arange()函数可以使用float型数据。

【例2-44】 利用arange()函数生成数组，在交互模式下输入以下代码。

```
>>> np.arange(1, 5)
array([1, 2, 3, 4])
>>> np.arange(1, 5, 2)
array([1, 3])
```

（2）打印数组

打印数组时，NumPy以与嵌套列表类似的方式显示。

【例2-45】 将一维数组打印为行，将二维数组打印为矩阵，将三维数组打印为矩阵列表，在

交互模式下输入以下代码。

```
>>> a = np.arange(6)
>>> a
array([0, 1, 2, 3, 4, 5])
>>> a = np.arange(12).reshape(4, 3)  # reshape 用于改变数组形状
>>> a
array([[ 0,  1,  2],
       [ 3,  4,  5],
       [ 6,  7,  8],
       [ 9, 10, 11]])
>>> a = np.arange(24).reshape(4, 3, 2)
>>> a
array([[[ 0,  1],
        [ 2,  3],
        [ 4,  5]],
       [[ 6,  7],
        [ 8,  9],
        [10, 11]],
       [[12, 13],
        [14, 15],
        [16, 17]],
       [[18, 19],
        [20, 21],
        [22, 23]]])
```

（3）数组运算

数组上的算术运算符会应用于元素运算。

**【例 2-46】** 进行数组的加减，在交互模式下输入以下代码。

```
>>> b = np.arange(4, 8)
>>> a = np.arange(1, 4)
>>> a
array([1, 2, 3])
>>> b = np.arange(4, 7)
>>> b
array([4, 5, 6])
>>> a + b
array([5, 7, 9])
>>> a - b
array([-3, -3, -3])
```

运算符“*”在 NumPy 数组中以元素方式运行。矩阵乘积可以使用“@”运算符（Python 3.5 及以上版本中）或 dot()函数。

**【例 2-47】** 学习数组元素相乘与数组矩阵相乘，在交互模式下输入以下代码。

```
>>> a = np.array( [[1, 1],
... [0, 1]])
>>> a
array([[1, 1],
       [0, 1]])
>>> b = np.array( [[2, 1],
... [3, 4]])
>>> a * b
```

```
array([[2, 1],
       [0, 4]])
>>> a @ b
array([[5, 5],
       [3, 4]])
>>> a.dot(b)
array([[5, 5],
       [3, 4]])
```

（4）形状改变

NumPy 可以使用命令更改矩阵的形状。ravel()、reshape()、T 这 3 个方法会返回已修改的矩阵，但不会更改原始矩阵；resize()方法会更改原始矩阵。

【例 2-48】 学习改变 NumPy 矩阵形状的操作，在交互模式下输入以下代码。

```
>>> a = np.array([(1,2,3), (4,5,6)])  # 创建 NumPy
>>> a
array([[1, 2, 3],
       [4, 5, 6]])
>>> a.shape
(2, 3)
>>> a.ravel()  # NumPy 展平
array([1, 2, 3, 4, 5, 6])
>>> a.ravel().shape
(6,)
>>> a.reshape(3, 2)  # NumPy 修改形状
array([[1, 2],
       [3, 4],
       [5, 6]])
>>> a.reshape(3, 2).shape
(3, 2)
>>> a.T  # NumPy 转置
array([[1, 4],
       [2, 5],
       [3, 6]])
>>> a.T.shape
(3, 2)
```

NumPy 也可以进行索引、切片、迭代、堆叠、拆分等操作。

## 2.5.2 Pandas

Pandas 是一个开源的、BSD 许可的库，常用于数据分析。它基于 NumPy 库，为 Python 编程语言提供高性能、易于使用的数据结构和数据分析工具。

### 1. 安装与简介

在交互模式（联网状态）下完成 Pandas 的安装，输入以下代码。

```
pip install pandas==0.23.4
```

Pandas 安装界面如图 2-49 所示。

```
C:\Users\Administrator>pip install pandas==0.23.4
Collecting pandas==0.23.4
  Downloading https://files.pythonhosted.org/packages/0e/67/def5bfaf4d3324fdb89048889ec523c0903c5efab1a64c8dbe0ac8eec13c/pandas-0.23.4-cp36-cp36m-win_amd64.whl (7.7MB)
    100% |████████████████████████████████| 7.7MB 315kB/s
Collecting pytz>=2011k (from pandas==0.23.4)
  Downloading https://files.pythonhosted.org/packages/3d/73/fe30c2daaaa0713420d0382b16fbb761409f532c56bdcc514bf7b6262bb6/pytz-2019.1-py2.py3-none-any.whl (510kB)
    100% |████████████████████████████████| 512kB 191kB/s
Collecting python-dateutil>=2.5.0 (from pandas==0.23.4)
  Downloading https://files.pythonhosted.org/packages/41/17/c62faccbfbd163c7f57f3844689e3a78bae1f403648a6afb1d0866d87fbb/python_dateutil-2.8.0-py2.py3-none-any.whl (226
kB)
    100% |████████████████████████████████| 235kB 253kB/s
Requirement already satisfied: numpy>=1.9.0 in d:\python\lib\site-packages (from pandas==0.23.4) (1.14.5)
Collecting six>=1.5 (from python-dateutil>=2.5.0->pandas==0.23.4)
  Downloading https://files.pythonhosted.org/packages/73/fb/00a976f728d0d1fecfe898238ce23f502a721c0ac0ecfedb80e0d88c64e9/six-1.12.0-py2.py3-none-any.whl
Installing collected packages: pytz, six, python-dateutil, pandas
Successfully installed pandas-0.23.4 python-dateutil-2.8.0 pytz-2019.1 six-1.12.0
You are using pip version 10.0.1, however version 19.1.1 is available.
You should consider upgrading via the 'python -m pip install --upgrade pip' command.
```

图 2-49　Pandas 安装界面

在交互模式下输入“import pandas as pd”，pd 是 Pandas 的别名，是通用写法，如图 2-50 所示。

```
>>> import pandas as pd
>>>
```

图 2-50　Pandas 安装成功

## 2. 基础操作

（1）创建 Series 对象

Series 对象是 Pandas 中的一维数据结构，能存储不同类型的数据。Series 对象中的每个元素都有一组索引与之对应，可以将其看作特殊的 Python 字典。

**【例 2-49】** 创建一个 Series 对象并输出，在交互模式下输入以下代码。

```
>>> import pandas as pd
>>> a = pd.Series([1, -5, [1,2], "aa", {"aa": 7}])
>>> a
0            1
1           -5
2       [1, 2]
3           aa
4   {'aa': 7}
dtype: object
```

Series 对象可以传入数字、列表、字典等类型，将该对象打印会输出元素和与之对应的索引。如果在传入的时候没有加入索引，会默认将非负整数作为索引。Pandas 中的整型为 int64，浮点型为 float64，字符串、布尔型等其他数据类型都为 object。

**【例 2-50】** 创建一个 Series 对象，为其增加索引并输出，在交互模式下输入以下代码。

```
>>> import pandas as pd
>>> a = pd.Series(["b", 2, [1 ,2]], index = ["a", "b", "c"])
>>> a
a        b
b        2
c   [1, 2]
dtype: object
```

打印输出的不仅有元素，还有索引值，索引与元素之间是一种映射关系。如果填充的是一个字典，那么字典的键就会成为索引，值成为元素。

**【例 2-51】** 创建一个字典，将其填充到 Series 对象并输出，在交互模式下输入以下代码。

```
>>> import pandas as pd
>>> dict = {"a":1, "b":2, "c":3}
```

```
>>> a = pd.Series(dict)
>>> a
a    1
b    2
c    3
dtype: int64
```

如果元素都是整数，那么默认的数据类型就为 int64。

（2）访问 Series 元素

Series 对象中的元素可以像列表那样被访问。由于它拥有索引和下角标两种属性，所以通过这两种方式都可以访问元素。如果不指定索引，那么索引和下角标的数值就默认是一样的。

**【例 2-52】** 访问 Series 对象的元素并输出，在交互模式下输入以下代码。

```
>>> import pandas as pd
>>> a = pd.Series(["b", 2, [1 ,2]], index = ["a", "b", "c"])
>>> a
a         b
b         2
c    [1, 2]
dtype: object
>>> a[1]
2
>>> a["b"]
2
```

可以对 Series 对象的元素和索引进行修改。

**【例 2-53】** 修改 Series 对象的元素和索引并输出，在交互模式下输入以下代码。

```
>>> import pandas as pd
>>> a = pd.Series([1, 2, 3], index = ["a", "b", "c"])
>>> a
a    1
b    2
c    3
dtype: int64
>>> a[1] = 6  # 修改元素
>>> a
a    1
b    6
c    3
dtype: int64
>>> a.index = ["d", "e", "f"]  # 修改索引
>>> a
d    1
e    6
f    3
dtype: int64
```

修改元素和修改索引一样，都是在原处进行的，不会在内存中进行复制操作。

（3）创建 DataFrame 对象

DataFrame 是 Pandas 中的二维数据结构，能存储不同类型的数据，有行索引和列索引，并与元素对应。如果将 Series 对象比作带灵活索引的一维数组，那么 DataFrame 对象就可以看作既有

行索引又有列索引的二维数组。

【例 2-54】 从字典中构造 DataFrame 对象并输出，在交互模式下输入以下代码。

```
>>> import pandas as pd
>>> a = {"a":[1, 2], "b": [3, 4]}
>>> a
{'a': [1, 2], 'b': [3, 4]}
>>> df = pd.DataFrame(data=a)
>>> df
   a  b
0  1  3
1  2  4
```

可以看出，有行索引 0、1，也有列索引 a、b。

## 2.5.3 Matplotlib

Matplotlib 是 Python 的绘图库，它可与 NumPy 一起使用，提供了一种有效的 MATLAB 开源替代方案。

**1. 安装与简介**

在交互界面（联网状态）完成 Matplotlib 的安装，代码如下。

```
pip install matplotlib==3.0.1
```

安装完成后，在交互模式下输入“import matplotlib.pyplot as plt”，如图 2-51 所示。

```
(base) C:\Users\hanyanze>python
Python 3.6.7 |Anaconda, Inc.| (default, Oct 28 2018, 19:44:12)
Type "help", "copyright", "credits" or "license" for more info
>>> import matplotlib.pyplot as plt
>>>
```

图 2-51 Matplotlib 安装成功

Matplotlib 可以和图形工具包一起使用，如 PyQt 和 wxPython。使用 Matplotlib 时，可以用几行代码进行绘图，包括直方图、功率谱图、条形图、错误图、散点图等。

本小节主要介绍 Matplotlib 的 pyplot 模块，该模块提供了类似于 MATLAB 的绘图系统。

**2. 基础操作**

Matplotlib 中最重要的功能是 plot，它可以绘制二维数据。

【例 2-55】 在 basis 目录下新建文件，命名为 sin.py，绘制一个正弦图像，在 PyCharm 中输入以下代码。

```
import numpy as np
import matplotlib.pyplot as plt

# 计算余弦曲线上点的 x 和 y 坐标
x = np.arange(0, 3 * np.pi, 0.1)
y = np.sin(x)

# 使用 Matplotlib 绘制点
plt.plot(x, y)
```

```
# 调用plt.show()才能显示图形
plt.show()
```

导入 numpy 和 matplotlib.pyplot 模块，使用 NumPy 定义 *x* 轴和 *y* 轴，*x* 轴的范围为 0～3 倍的π值，np.pi 是圆周率，*x* 轴每隔 0.1 的精度取一个值，*y* 轴为 sin(x)的值，调用 plt.plot(x,y)函数绘制点，调用 plt.show()函数将绘制的图像显示出来。正弦图像绘制结果如图 2-52 所示。

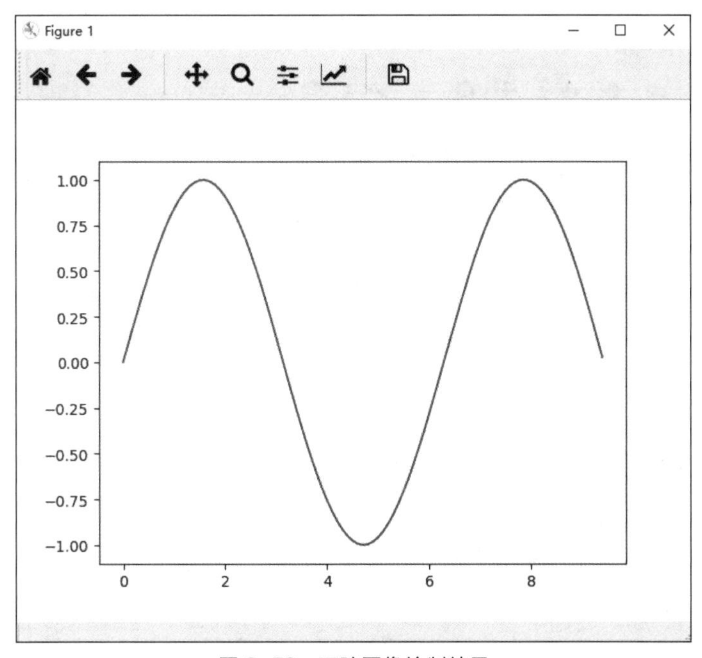


图 2-52　正弦图像绘制结果

此时得到了 0～3 倍的π区间的正弦图像。

在绘制正弦图像的代码中加入其他的元素，可以绘制多条线，并添加标题、图例和轴标签。

**【例 2-56】** 在 basis 目录下新建文件，命名为 sin_cos.py，绘制一个正弦和余弦图像，并且添加标题、图例和轴标签，在 PyCharm 中输入以下代码。

```
import numpy as np
import matplotlib.pyplot as plt

# 计算正弦曲线和余弦曲线上点的 x 和 y 坐标
x = np.arange(0, 3 * np.pi, 0.1)
y_sin = np.sin(x)
y_cos = np.cos(x)

# 使用 Matplotlib 绘制点
plt.plot(x, y_sin)
plt.plot(x, y_cos)
plt.xlabel('x axis label')
plt.ylabel('y axis label')
plt.title('Sine and Cosine')
plt.legend(['Sine', 'Cosine'])
plt.show()
```

导入 numpy 和 matplotlib.pyplot 模块，使用 NumPy 定义 $x$ 轴和 $y$ 轴，$x$ 轴的范围为 0～3 倍的 $\pi$，$y$ 轴包括 y_sin=sin(x)和 y_cos=cos(x)，然后利用 plt.plot()函数绘制图像，并且利用 plt.xlabel()函数和 plt.ylabel()函数加入 $x$ 轴标签和 $y$ 轴标签，使用 plt.title()函数加入标题，使用 plt.legend()函数显示图像示例，使用 plt.show()函数将绘制的图像显示，加入更多元素后的正弦和余弦图如图 2-53 所示。

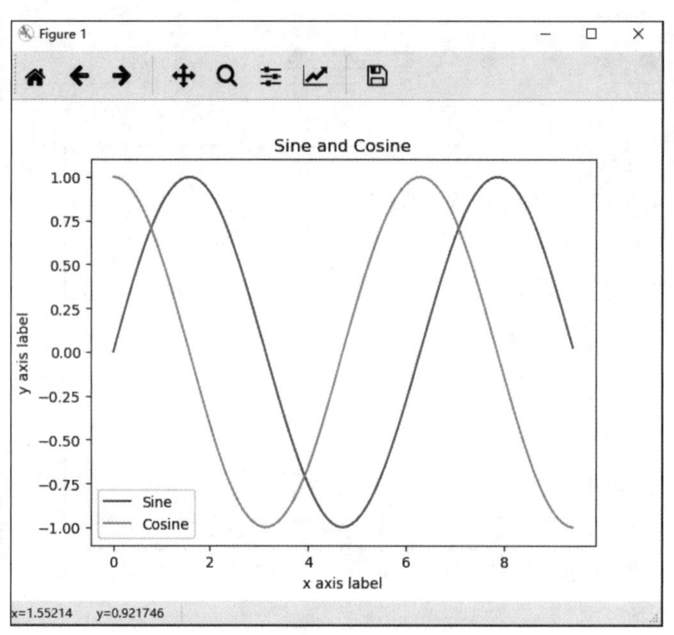


图 2-53 加入更多元素后的正弦和余弦图

在一幅图像中的不同区域绘制不同的图，将 sin()函数和 cos()函数在一幅图的不同区域绘制。

【例 2-57】 在 basis 目录下新建文件，命名为 sin_cos_part.py，绘制一幅图，将正弦、余弦图像绘制在图的不同区域，并且添加标题，在 PyCharm 中输入以下代码。

```
import numpy as np
import matplotlib.pyplot as plt

# 计算正弦曲线和余弦曲线上点的 x 和 y 坐标
x = np.arange(0, 3 * np.pi, 0.1)
y_sin = np.sin(x)
y_cos = np.cos(x)

# 将第一个子图设置为活动状态，制作第一个区域
plt.subplot(2, 1, 1)
plt.plot(x, y_sin)
plt.title('Sine')

# 将第二个子图设置为活动状态，制作第二个区域
plt.subplot(2, 1, 2)
plt.plot(x, y_cos)
plt.title('Cosine')
```

```
# 显示图
plt.show()
```

导入模块并确定 $x$ 和 $y$ 的坐标范围，plt.subplot()函数划分一幅图片中的不同区域，第一个参数代表子图的行数，第二个参数代表该行图像的列数，第三个参数代表每行的第几个图像。参数(2,1,1)是指将一幅图像分为上、下两个区域，操作上面的区域，绘制正弦图像并显示标题；参数(2,1,2)是指将一幅图像分为上、下两个区域，操作下面的区域，绘制余弦图像并显示标题。plt.show()函数用于显示图像，在不同区域绘制不同的图，如图 2-54 所示。

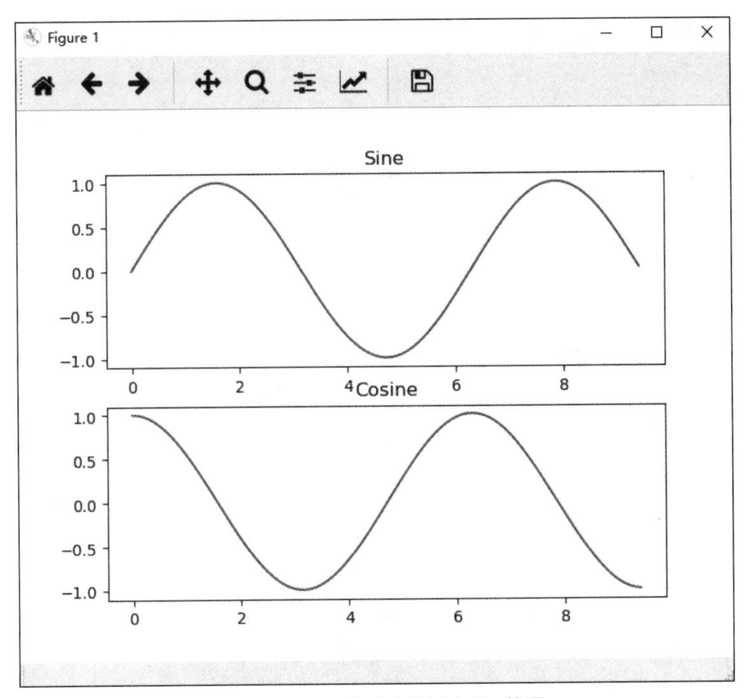


图 2-54　在不同区域绘制不同的图

Matplotlib 的 plt.scatter()函数可以绘制散点图，函数原型为：

```
matplotlib.plt.scatter(x, y, s=None, c=None, marker=None, cmap=None, norm=None,
vmin=None, vmax=None, alpha=None, linewidths=None, verts=None, edgecolor=None, *,
data=None, **kwargs)
```

经常用到的参数如下。

（1）x、y：表示的是数组，描述绘制散点图的数据点。

（2）c：颜色，是一个可选项。默认是蓝色“b”。该参数可以是一个表示颜色的字符，或者是一个长度为 $n$ 的、表示颜色的序列等。但是 c 不可以是一个单独的 RGB 数字，也不可以是一个 RGBA 的序列。

（3）marker：标记的样式，默认为“o”。

（4）vmin、vmax：实数，当 norm 参数存在的时候忽略，用来进行亮度数据的归一化。

（5）edgecolor：边缘颜色，可以利用它将散点在视觉上缩小。

**【例 2-58】** 在 basis 目录下新建文件，命名为 scatter.py，绘制一幅正弦散点图，在 PyCharm

中输入以下代码。

```
import numpy as np
import matplotlib.pyplot as plt
# 计算正弦曲线上点的 x 和 y 坐标
x = np.arange(0, 3 * np.pi, 0.1)
y = np.sin(x)

plt.scatter(x, y)
plt.show()
```

定义 $x$ 和 $y$ 的范围，用 plt.scatter()函数画出散点图，使用 plt.show()函数显示图像，散点图如图 2-55 所示。

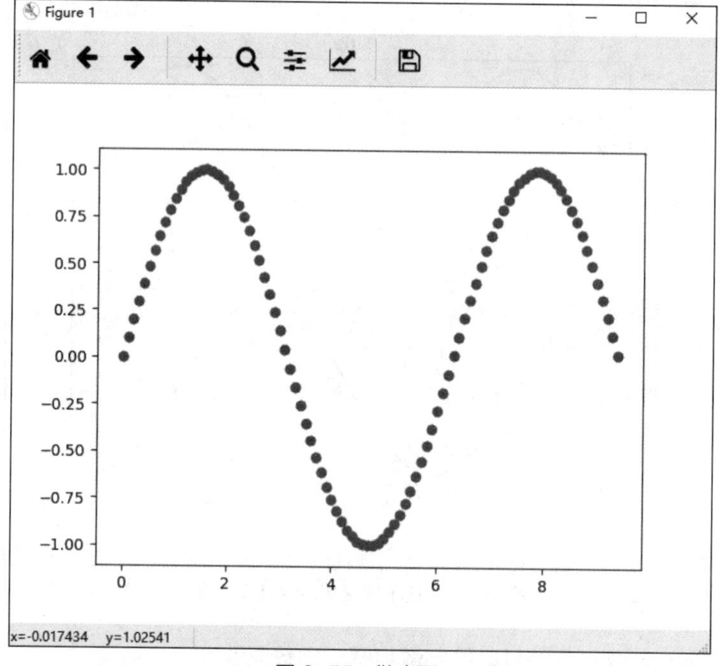


图 2-55　散点图

调用保存函数 plt.savefig()可保存绘制的图像。

【例 2-59】 在 basis 目录下新建文件，命名为 save.py，绘制一幅正弦散点图并保存，在 PyCharm 中输入以下代码。

```
import numpy as np
import matplotlib.pyplot as plt

# 计算正弦曲线上点的 x 和 y 坐标
x = np.arange(0, 3 * np.pi, 0.1)
y = np.sin(x)

plt.scatter(x, y)
plt.savefig("image.png")
plt.show()
```

使用 plt.savefig()函数保存结果，参数是保存的路径以及名称。

## 2.6 小结

本章主要对 Python 语言进行了简单的学习，包括 Python 的基本语法、第三方库等。这些都是 Python 中比较基础的知识，需要读者多复习。本章对于类和对象没有进行太多的介绍，如果有需要，读者可以自行学习。

## 2.7 练习题

1. 小明上次考试考了 78 分，这次考了 89 分，计算并输出“小明上次考了 78 分，这次考了 89 分，约提高了 14.1%”。
2. 利用 while 循环和 for 循环绘制一个边长为 9 的实心三角形。
3. 输出 1990 — 2019 年之间所有的闰年。
4. 利用 matplotlib 模块绘制一个半径为 2 的圆。

# 第3章

# TensorFlow机器学习框架

TensorFlow 是 Google 人工智能团队谷歌大脑从 2015 年 11 月 9 日起开放源代码的符号数学系统，它是谷歌的第二代机器学习系统，具有高度的灵活性、真正的可移植性，并且具有可以将科研和产品联系在一起、自动求微分、多语言支持、性能最优化等特点。

**重点知识：**

① TensorFlow 介绍
② TensorFlow 环境搭建
③ TensorFlow 计算机加速

## 3.1 TensorFlow 介绍

2011 年，Google 推出了人工智能深度学习系统 DistBelief。基于这个系统，Google 能够扫描数据中心数以千计的核心，并建立更大的神经网络。DistBelief 系统将 Google 应用中的语音识别成功率提高了 25%，该系统还在 Google Photos 中建立了图片搜索，并驱动了 Google 的图片字幕匹配实验。但是由于 DistBelief 和 Google 内部的基础设施联系过于紧密，导致几乎不可能分享研究代码。

之后，Google 的科学家在 DistBelief 的代码库上进行了简化和重构，使其变成一个更快、更健壮的应用级别代码库，形成了 TensorFlow。2015 年 11 月 9 日，Google 基于 Apache 2.0 许可开源了 TensorFlow，其迅速成为最受欢迎的机器学习开源框架之一，并构建起庞大的开发者生态。TensorFlow 是一个开源框架，或者称为开源工具。

思考一下如何识别一幅图像，如识别一只狗的图像。首先需要提取出该类图像的特征，在机器学习得到发展之前，工程师需要懂得图像领域非常专业的知识，才可以更好地提取图像特征。但是在机器学习以及深度学习得到发展之后，计算机可以通过神经网络自己提取相应特征，人为提取特征的工作量减少，TensorFlow 等开源框架就应运而生了。

### 3.1.1 TensorFlow 基础介绍

TensorFlow 可以做很多有趣的工作，如图像风格迁移，通过神经网络可以将一幅图片的风格迁移到另一幅图片上。图 3-1 所示是荷兰后印象派画家梵·高的 The Starry Night（《星月夜》），将其作为被迁移的图片。

图 3-1　被迁移的图片

原始图片为麻省理工学院 Stata 中心，如图 3-2 所示。

图 3-2　原始图片

迁移后的图片如图 3-3 所示。

图 3-3　迁移后的图片

自 2015 年 11 月发布起，TensorFlow 经历了多次的版本变化，如表 3-1 所示。

表 3-1　TensorFlow 版本变化

| 时间 | TensorFlow 版本 | 主要变化 |
| --- | --- | --- |
| 2015 年 12 月 | V0.6 | TensorFlow 支持 GPU 加速 |
| 2016 年 12 月 | V0.12 | TensorFlow 支持 Windows |
| 2017 年 2 月 | V1.0 | 加入和改进了一些高级 API，包括 Keras |
| 2017 年 11 月 | V1.5 | 增加了动态图机制和用于移动端的轻量级 TensorFlow Lite 版本 |
| 2018 年 5 月 | V1.6 | 增加了支持 Cloud TPU、模型和 pipeline 功能 |
| 2018 年 6 月 | V1.8 | 增加了 TensorFlow 的分布式训练功能 |
| 2019 年 3 月 | V2.0 Alpha | 使用 Keras 和 Eager Execution 可以轻松建立简单的模型并执行，通过清除不推荐使用的 API 和减少重复来简化 API |

为了让读者更好地理解 TensorFlow，下面从 3 个不同的角度对其进行分析。

（1）TensorFlow 的计算模型为计算图（Graph），TensorFlow 的名字本身由两个单词构成，即 Tensor 和 Flow。Tensor 指的是张量，在 TensorFlow 中，Tensor 可以简单地理解为多维数组，而 Flow 翻译过来是“流”，表达了张量之间通过计算进行相互转换的含义。在 TensorFlow 中，每一个运算都是一个节点，在整体代码中，系统会维护一个默认的计算图。

（2）TensorFlow 的数据模型为张量（Tensor），在 TensorFlow 中，所有的数据类型都表示为张量。张量是一个多维数组，如果直接打印某一个张量，并不会像打印 List 或 NumPy 一样输出它的值，而是会得到一个结构，结构中包括该张量的名称、维度和类型。

（3）TensorFlow 的运行模型为会话（Session），在 TensorFlow 中，有了数据模型以及计算模型后，在代码执行过程中需要使用会话，会话负责管理代码运行时的所有资源。如果没有指定，会话将会自动加入系统生成的默认计算图中，执行其中的运算。

### 3.1.2 分布式 TensorFlow

如果一台计算机上有很多 GPU，那么通过 GPU 并行运算的方式可以得到很好的加速效果。但是一台计算机可携带的 GPU 毕竟有限，要想进一步提升速度，可以将 TensorFlow 分布地运行在多台机器上。2016 年 4 月 14 日，Google 发布了分布式 TensorFlow。

分布式 TensorFlow 有一些基本概念，下面对其进行介绍。

（1）task：一个 task 一般会关联到某个单一的 TensorFlow 服务端的处理过程，属于一个特定的 Job，并且在该 Job 的任务列表中有唯一的索引，可以将其理解为每台机器上的一个进程。

（2）Job：Job 分为 ps、worker 两种，一个 Job 包含一系列致力于某个相同目标的 task。例如，一个叫 ps 的 Job 会处理存储与更新变量相关的工作，而一个叫 worker 的 Job 会承载那些用于计算密集型任务的无状态节点。一般来说，一个 Job 中的 task 会运行在不同的机器中。

（3）Cluster（集群）：一个 TensorFlow 集群包含一个或者多个 TensorFlow 服务端，集群被切分为一系列 Job，而每个 Job 又会负责一系列的 task。一个集群会专注于一个相对高层的目标，如用多台机器并行地训练一个神经网络。

使用分布式 TensorFlow 训练深度学习模型有两种方式。第一种是计算图内分布式（In-graph 模式），在该模式中，所有的计算任务使用同一个计算图中的变量。第二种是计算图间分布式（Between-graph 模式），在该模式下，数据并行，每台机器使用完全相同的计算图，每个计算图都是独立的，但数据同步比较困难。

## 3.2 TensorFlow 环境搭建

TensorFlow 框架的环境搭建是学习 TensorFlow 的基础，了解并亲自动手搭建环境可以使使用者加深对 TensorFlow 的认识。TensorFlow 版本、适用平台众多，本节主要介绍本书用到的环境以及后续开发过程中常用的环境。

### 3.2.1 安装 Anaconda

第 2 章介绍了直接在计算机上安装 Python 3 解释器的方法。Python 2 和 Python 3 的解释器是无法兼容的，在使用 Python 3 时需要将计算机上的环境设置为 Python 3 解释器的环境，如果使用 Python 2 来执行一些代码，就需要更换本地环境为 Python 2 解释器的环境，当然 Python 3 不同版本的 API 也有差别，所以使用直接搭建的方式在一台计算机上让不同版本的 Python 解释器兼容是无法实现的。

V3-1 安装 Anaconda

Anaconda 是一个开源的包和环境的管理器，用于在同一台机器上管理不同版本的软件包及其依赖，并能够在不同的环境之间切换。其基于云的存储库，可以查找并安装 Conda、Python 等 7500 多个科学包及其依赖项。

本书介绍 Windows 版本的 Anaconda 软件的安装。对于 Linux 版本的 Anaconda，读者可自行安装。

下载 64 位 Anaconda，然后双击下载好的包进入安装界面，单击“Next >”按钮，如图 3-4 所示。

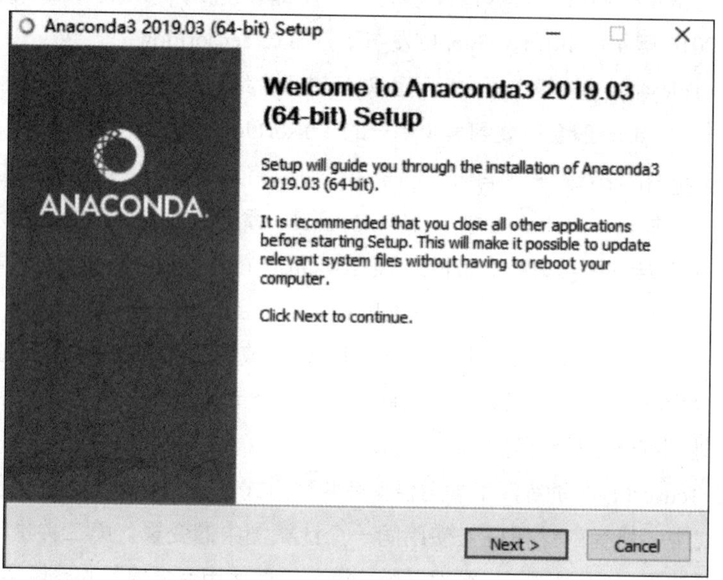


图 3-4　安装界面

进入同意许可（License Agreement）界面，单击“I Agree”按钮同意协议许可，如图 3-5 所示。

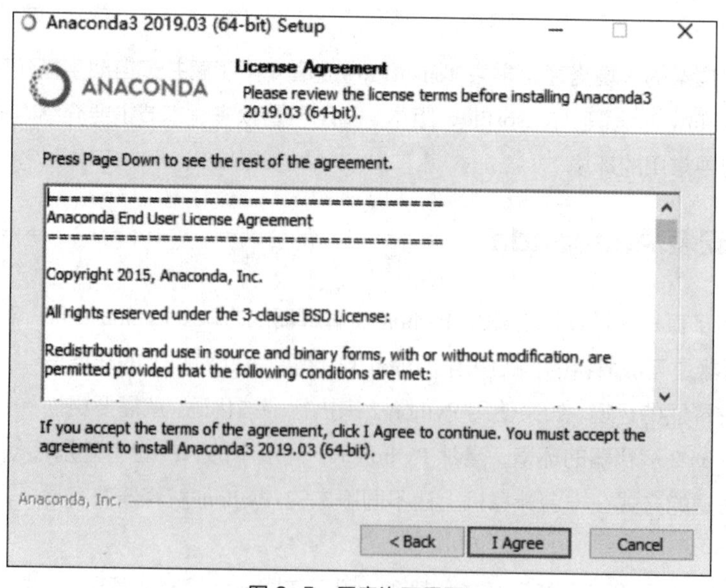


图 3-5　同意许可界面

进入选择安装类型（Select Installation Type）界面，选中“All Users (requires admin privileges)”单选按钮，为计算机所有用户进行安装，单击“Next >”按钮，如图 3-6 所示。

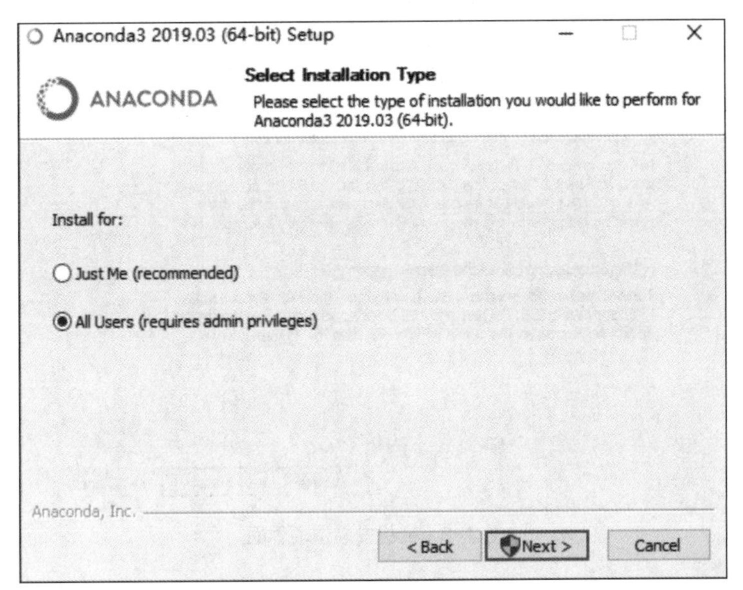


图 3-6　选择安装类型界面

进入选择安装路径（Choose Install Location）界面，单击“Browse”按钮选择安装路径，然后单击“Next >”按钮，如图 3-7 所示。

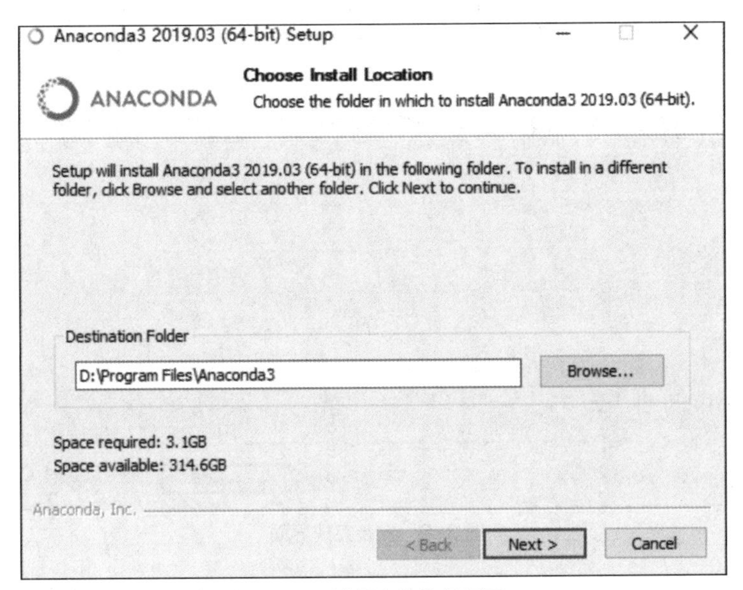


图 3-7　选择安装路径界面

进入高级安装选项（Advanced Installation Options）界面，勾选“Add Anaconda to the system PATH environment variable”“Register Anaconda as the system Python 3.7”复选框，将 Anaconda 添加到系统环境变量，并默认使用 Python 3.7 版本，单击“Install”按钮，如图 3-8 所示。

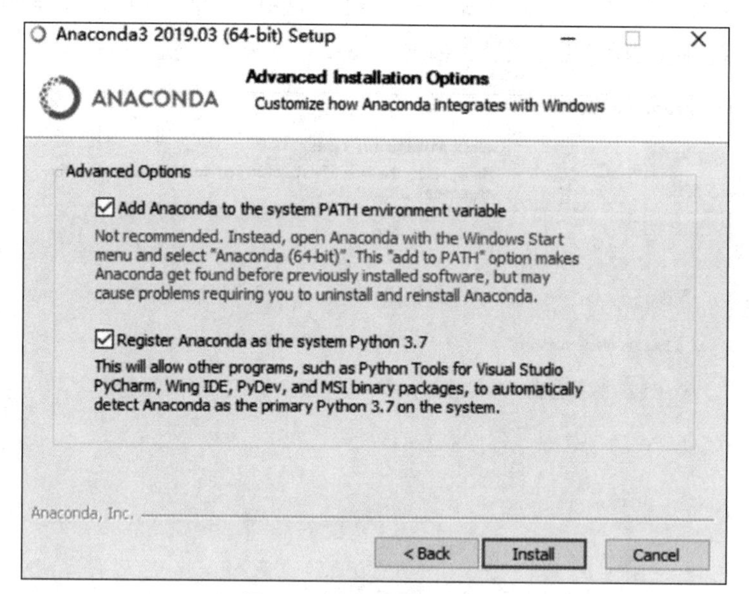


图 3-8　高级安装选项界面

进入安装完成（Installation Complete）界面，等待安装完成，这个过程比较长，安装完成后单击“Next >”按钮，如图 3-9 所示。

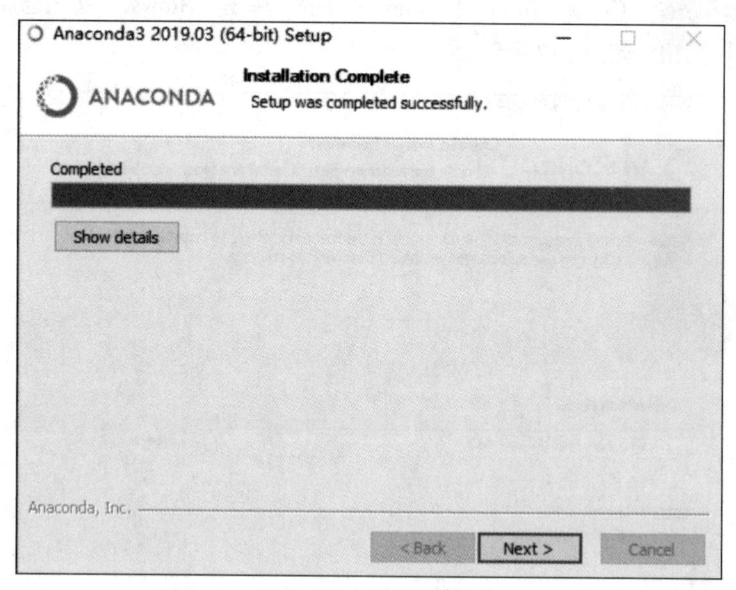


图 3-9　安装完成界面

进入软件推荐界面，Anaconda 推荐使用 PyCharm 作为 IDE，PyCharm 的安装在第 2 章介绍过，单击“Next >”按钮，如图 3-10 所示。

进入感谢安装 Anaconda 界面，取消勾选“Learn more about Anaconda Cloud”“Learn how to get started with Anaconda”复选框，相关知识将在本书后续内容中进行讲解，单击“Finish”按钮，完成安装，如图 3-11 所示。

图 3-10　软件推荐界面

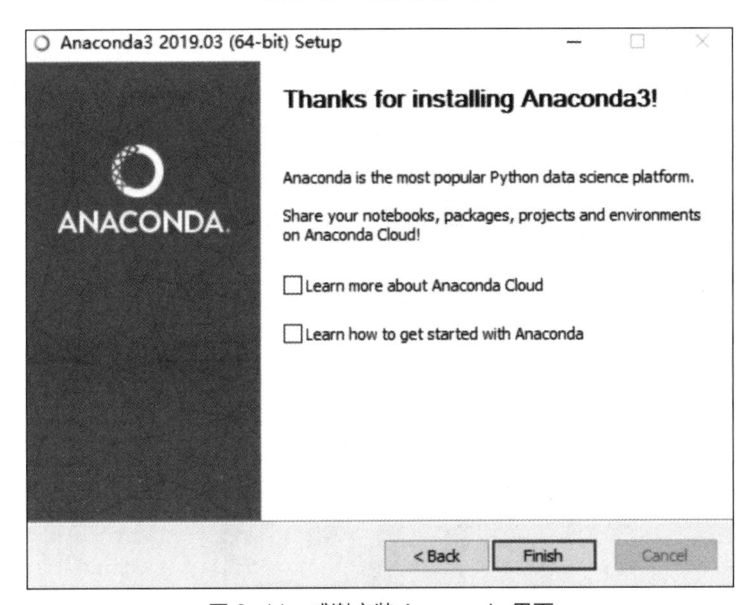


图 3-11　感谢安装 Anaconda 界面

安装完成后，打开命令提示符窗口，输入“conda -V”以获得 Anaconda 版本号，如果输出正常，证明 Anaconda 正确安装，如图 3-12 所示。

找到并打开 Anaconda Navigator 软件，进入 Anaconda 界面模式，Anaconda Navigator 图标如图 3-13 所示。

```
C:\Users\Administrator>conda -V
conda 4.6.11
```

图 3-12　Anaconda 正确安装

图 3-13　Anaconda Navigator 图标

Anaconda 在默认情况下只有一个环境“base(root)”，新建 TensorFlow 的环境进行学习，在主界面中选择“Environments”→“Create”目录，弹出“Create new environment”对话框，选择 Python 版本为 3.6，在“Name”文本框中输入“TensorFlow”，单击“Create”按钮完成环境创建，如图 3-14 所示。

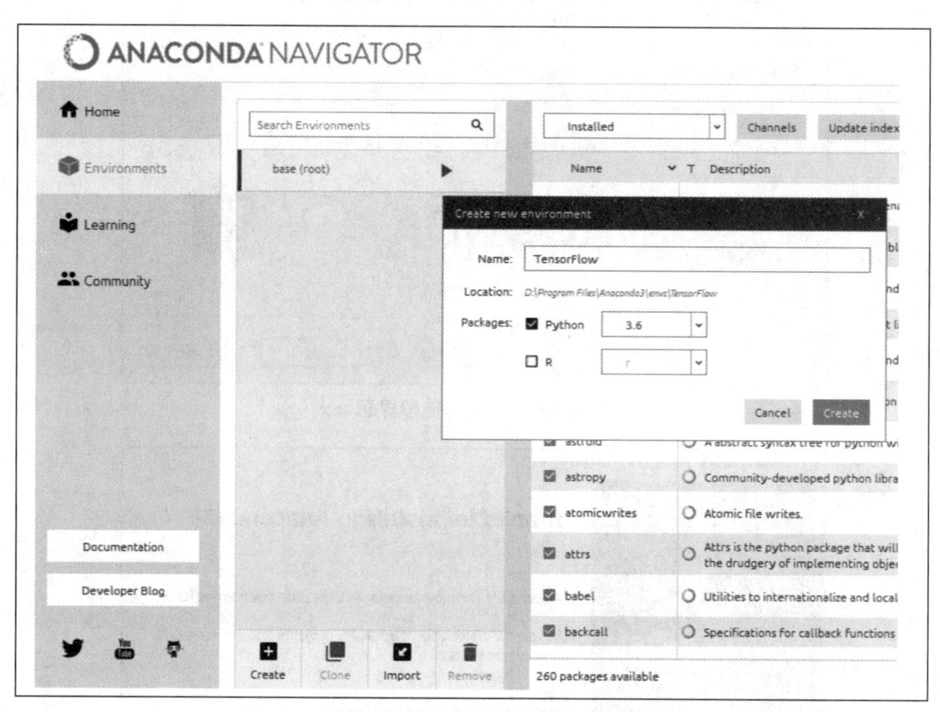

图 3-14 “Create new environment”对话框

等待创建完成，创建完成的界面如图 3-15 所示。

图 3-15 创建完成的界面

新环境创建完成后，在命令提示符窗口输入“activate TensorFlow”，进入新环境，如图 3-16 所示。

```
C:\Windows\system32\cmd.exe
Microsoft Windows [版本 10.0.17134.885]
(c) 2018 Microsoft Corporation。保留所有权利。

C:\Users\Administrator>activate TensorFlow

(TensorFlow) C:\Users\Administrator>
```

图 3-16　通过输入命令进入新环境

## 3.2.2　使用 pip 的 Windows 环境安装

在 Anaconda 的 TensorFlow 环境下，可以使用 conda 命令或者 pip 命令安装 NumPy、Pandas 和 Matplotlib 库，然后安装 TensorFlow。TensorFlow 有 CPU 和 GPU 两种版本，下面分别介绍这两种版本的安装方式。

### 1. CPU 版本安装

在 Anaconda 的 TensorFlow 环境下的命令提示符窗口内输入“pip install tensorflow==1.9.0”，安装 1.9.0 版本的 TensorFlow 及其相关依赖包（安装过程需全程联网），如图 3-17 所示。

```
C:\Users\Administrator>activate TensorFlow

(TensorFlow) C:\Users\Administrator>pip install tensorflow==1.9.0
Collecting tensorflow==1.9.0
```

图 3-17　安装 CPU 版本的 TensorFlow 及相关依赖包

安装完成后测试是否安装成功，在 Anaconda 的 TensorFlow 环境下的命令提示符窗口内输入“python”，进入 Python 环境后输入“import tensorflow as tf”命令，查看是否报错，不报错说明安装成功，如图 3-18 所示。

```
(TensorFlow) C:\Users\Administrator>python
Python 3.6.8 |Anaconda, Inc.| (default, Feb 21 2019, 18:30:04) [MSC v.1916 64 bit (AMD64)] on win32
Type "help", "copyright", "credits" or "license" for more information.
>>> import tensorflow as tf
>>>
```

图 3-18　查看 TensorFlow 是否安装成功

### 2. GPU 版本安装

安装 GPU 版本的 TensorFlow 之前需要查看自己的计算机或嵌入式设备是否支持该版本。如果支持 GPU 版本的 TensorFlow，在安装之前需要安装 CUDA 和 cuDNN。要安装 cuDNN，需要注册成为 NVIDIA 用户，填写问卷调查才可以下载。在安装时需注意 CUDA、cuDNN 的版本匹配问题，安装成功后，即可开始安装 GPU 版本的 TensorFlow，可以新建一个 Anaconda 环境安装 GPU 版本的 TensorFlow。在 Anaconda 环境下的命令提示符窗口输入“pip install tensorflow-gpu==1.9.0”命令即可完成安装。

### 3.2.3 使用 pip 的 Linux 环境安装

在 Linux（以 Ubuntu 为例）下安装 Anaconda 和在 Windows 下安装的过程一样，在 Linux 系统下安装完 Python（很多 Linux 系统自带 Python 2 和 Python 3）和 pip 工具后，可以直接输入“pip3 install tensorflow ==1.9.0”命令完成 CPU 版本 TensorFlow 的安装，如图 3-19 所示。

```
hyz@ubuntu:~$ pip3 install tensorflow==1.9.0
```

图 3-19 在 Ubuntu 下安装 TensorFlow

### 3.2.4 使用源代码编译安装

在 Linux 操作系统上通过源码安装 TensorFlow，需要使用 Bazel 编译工具。安装依赖 JDK8 之后通过 apt-get 安装或者下载 Bazel 源码，然后安装 Bazel 编译工具。Bazel 编译工具安装完成后，下载 TensorFlow 源码目录。进入 TensorFlow 的源码目录后，输入“./configure”命令进行 TensorFlow 编译安装配置，配置过程中会出现 Python 路径询问等问题，可以根据自己的实际情况进行选择或者选择默认配置。在配置完成后，采用 Bazel 命令安装 TensorFlow，输入“bazel build -c opt /tensorflow/tools/pip_package:build_pip_package”。安装完成后输入“bazel-bin/tensorflow/tools/pip_package/build_pip_package/tmp/tensorflow_pkg”命令，在 tmp/tensorflow_pkg 目录下生成扩展名为.whl 的文件，然后使用 pip3 命令安装该文件即可。

## 3.3 TensorFlow 计算机加速

在搭建网络训练模型时，由于网络中的参数众多、运算量大，所以训练过程比较缓慢，如果计算机不具有 CPU，可以基于 CPU 版本的 TensorFlow 使用更高级的指令集，如 SSE、AVX，加速训练过程；如果计算机支持 GPU，可以使用 GPU 加速训练过程。

### 3.3.1 TensorFlow 的使用

使用 CPU 版本的 TensorFlow 完成向量加法运算，举例介绍如下。

【例 3-1】新建 TensorFlow 目录，在 TensorFlow 目录下新建文件，命名为 test.py，在 PyCharm 中编写代码实现向量的加法运算。

```
# tf.constant 是一个计算，计算结果是一个张量，保存在变量 a 或者 b 中
a = tf.constant([1.0, 2.0], name="a")
b = tf.constant([3.0, 4.0], name="b")
# 将 a 和 b 相加，相加后的名字为“add”
result = tf.add(a, b, name = "add")
# 输出
print(result)
```

```
# 创建一个会话，通过 Python 上下文管理器来管理该会话
# 启动默认图表
with tf.Session() as sess:
    print("a = [1.0, 2.0], b = [3.0, 4.0]")
    print("两个向量相加: a + b = ", sess.run(result))
    # 将数据写到日志中
    summary_writer = tf.summary.FileWriter("log", sess.graph)
```

代码中的“print(result)”会输出：

```
Tensor("add:0", shape=(2,), dtype=float32)
```

输出的张量有 3 个属性。第 1 个属性是名称，它不仅仅是该张量的唯一标识符，还可以表示该张量是如何计算出来的。第 2 个属性是张量的维度，“shape=(2,)”表示一个一维数组，长度为 2。第 3 个属性是类型。每个张量都有自己的类型，如果两个张量在运算时类型不匹配，运算会报错。

本例中使用“with tf.Session() as sess”创建一个会话，创建的会话在执行完成后会自动关闭和释放资源。如果采用“sess = tf.Session()”的方式创建会话，需要使用 sess.close()函数手动关闭资源和进行资源回收。无论是哪种创建会话的方式，在创建会话的时候都会关联默认图。

本例使用“summary_writer = tf.summary.FileWriter("log", sess.graph)”语句对数据进行记录，“log”为日志所在的位置，“sess.graph”为 TensorFlow 代码中的图。

执行完毕后会输出两者的和：

```
a = [1.0, 2.0], b = [3.0, 4.0]
两个向量相加: a + b = [4. 6.]
```

同时，执行完毕后也会在 TensorFlow 目录下生成一个名为 log 的目录。在 TensorFlow 目录下进入命令提示符窗口，通过 TensorBoard 库可以看到计算图，在 Anaconda 的 TensorFlow 环境下输入“tensorboard--logdir=log”，会得到一个 HTTP 链接，命令提示符界面如图 3-20 所示。

```
D:\Python\TensorFlow>activate TensorFlow

(TensorFlow) D:\Python\TensorFlow>tensorboard --logdir=log
W0719 11:13:38.180891 Reloader tf_logging.py:120] Found more than one graph event per run, or there was a metagraph cont
aining a graph_def, as well as one or more graph events.  Overwriting the graph with the newest event.
W0719 11:13:38.180891 Reloader tf_logging.py:120] Found more than one metagraph event per run. Overwriting the metagraph
 with the newest event.
TensorBoard 1.9.0 at http://DESKTOP-4LPSHIN:6006 (Press CTRL+C to quit)
```

图 3-20　使用命令得到 HTTP 链接

使用浏览器进入该链接后，可以看到两个向量相加的计算图，如图 3-21 所示。

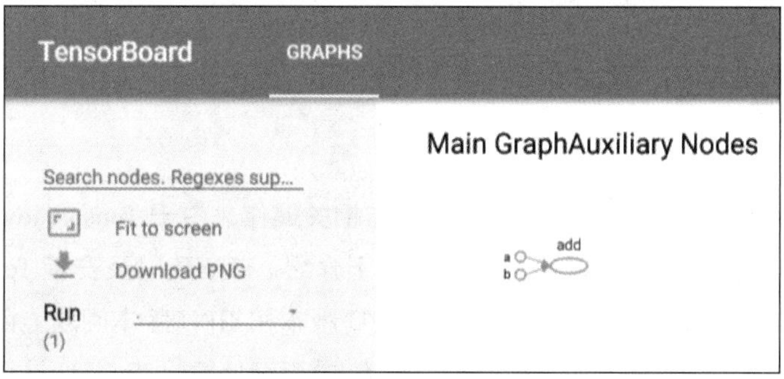

图 3-21　计算图

### 3.3.2 TensorFlow 使用 GPU 加速

3.3.1 小节的示例使用 CPU 版本的 TensorFlow 完成两个向量的相加，本小节将展示如何使用 TensorFlow 进行单个 GPU 的加速计算。

如果计算机上只安装 GPU 版本的 TensorFlow，那么 3.3.1 小节的示例会直接调用 GPU 版本的 TensorFlow 执行运算。也可以通过 tf.device()函数指定设备进行运算，CPU 在 TensorFlow 中被命名为“/cpu:0”。在计算机中，即使有多个 CPU，TensorFlow 也不会区分，名称始终为“/cpu:0”。如果一台计算机上有多个 GPU，那么第一个 GPU 会被命名为“/gpu:0”，第二个 GPU 会被命名为“/gpu:1”，以此类推。

**【例 3-2】** 在 TensorFlow 项目下新建 test_gpu.py 文件，使用 GPU 版本的 TensorFlow 实现向量的相加（在同一个环境下可同时安装 CPU 版本的 TensorFlow 和 GPU 版本的 TensorFlow）。

```
import tensorflow as tf
# 通过 tf.device()将运算指定到 CPU 上
with tf.device("/cpu:0"):
    a = tf.constant([1.0, 2.0], name="a")
    b = tf.constant([3.0, 4.0], name="b")
# 通过 tf.device()将运算指定到 GPU 上
with tf.device("/gpu:0"):
    result = tf.add(a, b, name = "add")
# 利用 log_device_placement 将参与运算的设备输出
sess = tf.Session(config=tf.ConfigProto(log_device_placement = True))
print(sess.run(result))
```

通过例 3-2 的代码可知，并不是所有的操作都放在 GPU 上，a = tf.constant([1.0, 2.0], name="a")和 b = tf.constant([3.0, 4.0], name="b")两个定义 a 和 b 常量的操作会通过“with tf.device("/cpu:0")”函数加载到 CPU 上，使用 result = tf.add(a, b, name = "add")做相加运算时，这个过程会被加载到 GPU 上，并且这个操作会将参与运算的设备信息打印出来，在 GTX1050 上得到如下运算结果。

```
Device mapping:
/job:localhost/replica:0/task:0/device:GPU:0 -> device: 0, name: GeForce GTX 1050, pci bus id: 0000:01:00.0, compute capability: 6.1
add: (Add): /job:localhost/replica:0/task:0/device:GPU:0
a: (Const): /job:localhost/replica:0/task:0/device:CPU:0
b: (Const): /job:localhost/replica:0/task:0/device:CPU:0
[4. 6.]
```

## 3.4 小结

本章主要介绍 TensorFlow 的一些基础概念与相关操作。由于 TensorFlow 迭代升级版本较多，所以本章对一些重要的、改动较大的版本做了介绍。在搭建以及安装 TensorFlow 环境时，需注意 Windows 或者 Linux 下 TensorFlow 的 CPU 版本和 GPU 版本问题，读者应根据自己计算机的实际情况进行安装。在安装 GPU 版本前，需要查询计算机的 GPU 是否支持 TensorFlow 的 GPU 加速。Anaconda 是一个开源的包/环境管理器，可以在同一台机器上安装不同版本的软件包及其依赖，并能够在不同的环境之间切换，使用户在使用时无需考虑环境兼容问题。另外，在使用 TensorFlow 编程前，需要熟悉 TensorFlow 的计算图（Graph）、张量（Tensor）和会话（Session）这些基本概念。

## 3.5 练习题

1. 使用 TensorFlow 完成矩阵相乘操作。
2. 在自己的机器上完成 Anaconda 以及 TensorFlow 的安装。

# 第4章

# 机器学习算法

机器学习就是让计算机具备自动学习的能力，使其能够完成分类、聚类、回归、关联分析等任务。目前，主流的方向是从大规模数据中自动学习和总结规律，从而对新的数据进行预测，这被称为统计机器学习。简而言之，机器学习就是让机器从数据中寻找及总结规律，并自动完成任务。

**重点知识：**

① 线性回归
② 逻辑回归
③ KNN

## 4.1 线性回归

机器学习分为监督学习（或称为有监督学习）、无监督学习、半监督学习，线性回归属于监督学习。

监督学习在训练时，不仅需要将训练的数据输入计算机，还需要将与该训练数据对应的结果（标签）输入计算机。训练完成后，将测试的数据输入计算机，计算机会对测试数据的标签进行预测，例如，要完成一个能够认识小狗的算法，在使用监督学习算法时需要将小狗的照片作为训练数据输入计算机，同时还要告诉计算机这张照片结果（标签）是小狗，算法才可以进行训练。常见的监督学习算法有线性回归、逻辑回归、KNN、SVM 等。

无监督学习是给计算机提供需要训练的数据，不会将数据对应的结果（标签）输入，所以计算机无法直接确定哪个数据对应着什么标签，只能通过分析数据的特征进行特征描述。常见的无监督学习算法有聚类算法、K-均值聚类算法等。

半监督学习中提供的数据，一些有标签，一些没有标签，但没有标签的数据要多于有标签的数据，通过局部特征分析，从而获取整体特征分布。

### 4.1.1 什么是线性回归

线性回归是利用数理统计中的回归分析来确定两种或两种以上变量间相互依赖定量关系的一

种统计分析方法，其运用领域十分广泛。

简单来说，线性回归就是要完成一个函数，该函数有输入和输出，当输入一些参数时，该函数就能得到一个结果作为输出，这个输出就是对输入的预测，且这个预测的结果是连续的。

在平面直角坐标系中确定一条直线至少需要两个点，如果在平面内绘制一条直线，那么这条直线的表达式可以是 $y=kx+b$（斜截式），在斜率 $k$ 和截距 $b$ 已知的情况下，只要输入一个 $x$，就有与之对应的 $y$。线性回归是在 $N$ 维的空间找到一条直线、一个平面或者一个超平面，使其能够拟合提供的数据，从而可以预测新的数据。在线性回归中，公式为 $y=Wx+b$，$W$ 是权重，$b$ 是偏置。

### 4.1.2 线性回归例子引入

V4-1　线性回归例子引入

在复习过程中，投入不同的复习时间，最后考试的成绩也不尽相同，而且由于复习的内容与快慢不同，所以不会有时间和成绩完全成正比的情况。随机生成一些数据 $x$ 作为时间投入，$y$ 作为考试成绩，找到一条直线，让这条直线尽可能地拟合图中的数据点，复习过程中时间投入与考试成绩的图像如图 4-1 所示。

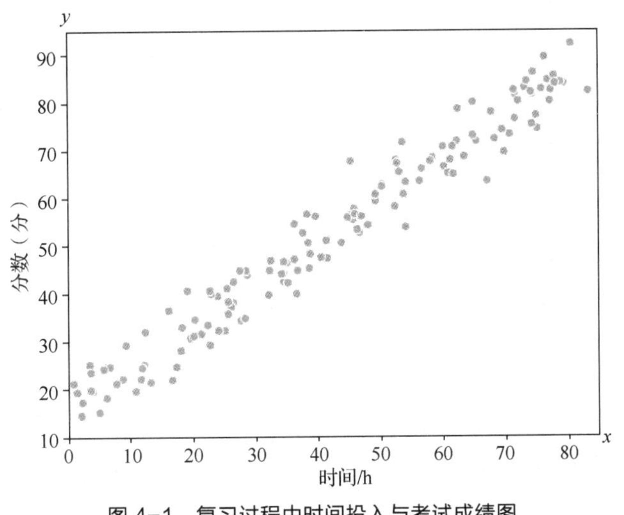


图 4-1　复习过程中时间投入与考试成绩图

在这个回归任务中，需要找到“最佳拟合线”使得误差最小化。假设找到了这条最佳的拟合线，方程为 $y=kx+b$，则对于每一个样本点 $x^{(p)}$，根据拟合的线可知对应的预测值 $\hat{y}$ 为 $\hat{y}^{(p)}=kx^{(p)}+b$，其真值为 $y$，预测值为 $\hat{y}$。拟合后的线如图 4-2 所示。

希望拟合后的线上每一个 $y$ 和 $\hat{y}$ 的差距都尽可能小，即这条线上所有样本点 $x^{(p)}$对应的真值和预测值之差的和是最小的，真值与预测值的差距反映在二维空间上，表现为两者距离的长短，从而将求最优化的拟合线问题转换为求最短距离问题。计算距离常用的方法有 L1 距离和 L2 距离等。

L1 距离是一个拐角距离，对它而言只有上、下、左、右 4 个方向，所以求取的并不是两点之间的最短距离。平面内从（1，1）点到（4，4）点的 L1 距离如图 4-3 所示。

L1 距离公式为 $d=|x_1-x_2|+|y_1-y_2|$，（$x_1$，$y_1$）是起点的坐标，（$x_2$，$y_2$）是终点的坐标。

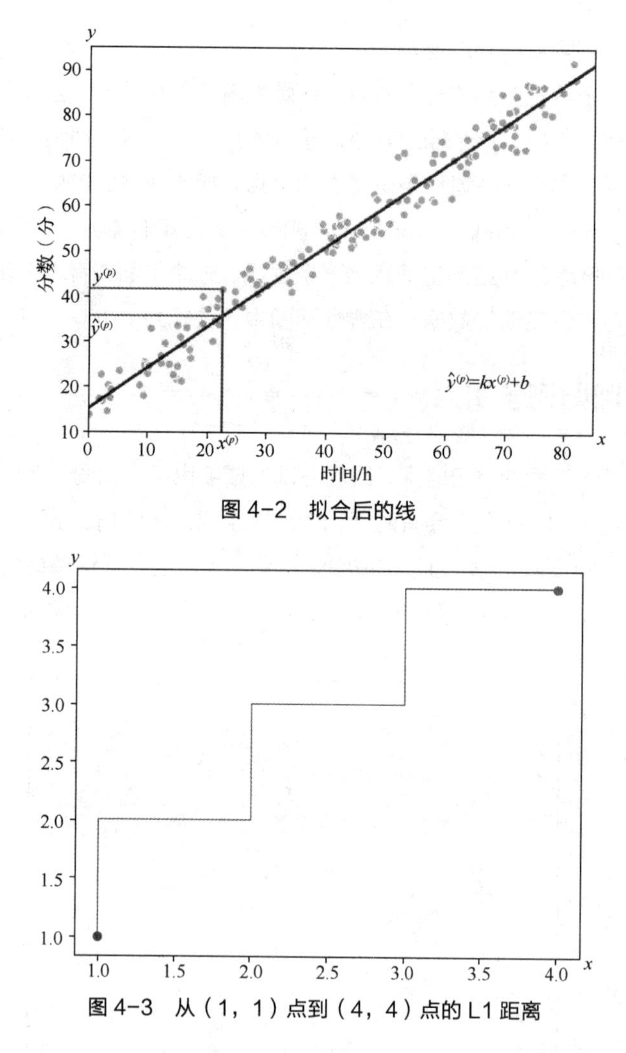


图 4-2　拟合后的线

图 4-3　从（1，1）点到（4，4）点的 L1 距离

L2 距离是两点之间或多点之间距离的计算方法，从几何学的角度，可以理解为它在计算两个向量间的欧氏距离。平面内从（1，1）点到（4，4）点的 L2 距离如图 4-4 所示。

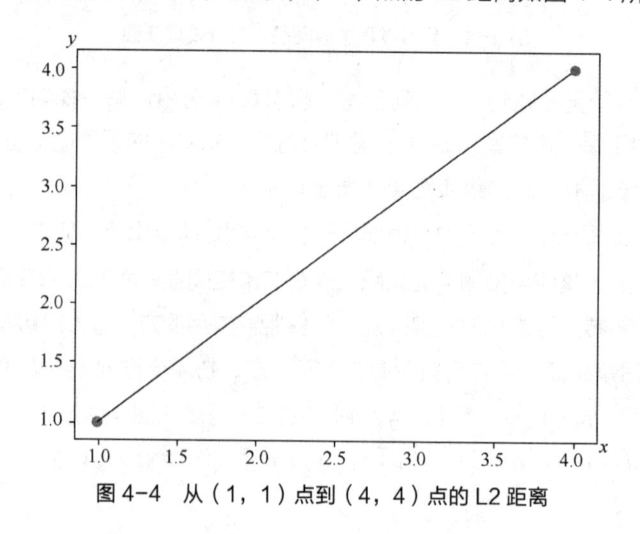


图 4-4　从（1，1）点到（4，4）点的 L2 距离

L2 距离公式为 $d=\sqrt{(x_1-x_2)^2+(y_1-y_2)^2}$，（$x_1$，$y_1$）是起点的坐标，（$x_2$，$y_2$）是终点的坐标。

综上，在寻找复习时间和考试成绩的最佳拟合曲线时，是不是也可以用 L1 距离或者 L2 距离来做呢？答案是肯定的，本书中使用 L2 距离完成拟合。

此时目标就确立了，即所有的样本点 $x^{(p)}$对应的拟合线上预测值 $\hat{y}$ 与真实值 $y$ 的距离之和要尽可能小，也就是说 $\sum_{p=1}^{n}\left(y^{(p)}-\hat{y}^{(p)}\right)^2$ 要尽可能小，结合 $\hat{y}^{(p)}=kx^{(p)}+b$，使得 $\sum_{p=1}^{n}\left(y^{(p)}-kx^{(p)}-b\right)^2$ 尽可能小，由于 $x$ 和 $y$ 是已知的，所以需要找到 $k$ 和 $b$。在机器学习中，斜率 $k$ 一般称为权重 $W$，截距 $b$ 称为偏置 $b$，$y^{(p)}$是真值，$kx^{(p)}+b$ 是预测值。这个过程就是使用最小二乘法解决问题的思路。

在机器学习中，需要通过分析问题确定问题的损失函数，通过最优化损失函数获得机器学习的模型。在本问题中，选择 $\sum_{p=1}^{n}\left(y^{(p)}-kx^{(p)}-b\right)^2$ 为损失函数，由于 $x$ 和 $y$ 都是已知的，所以需要找到参数 $k$ 和 $b$，使得损失函数的值最小。

### 4.1.3 数学方法解决线性回归问题

利用数学的方法寻找损失函数的最小值，即求 $\sum_{p=1}^{n}\left(y^{(p)}-kx^{(p)}-b\right)^2$ 函数的极值。求函数的极值问题可以转换为对损失函数的各个未知分量进行求导，得到 $k$ 和 $b$ 的值，这里先给出最后结果，即 $k=\dfrac{\sum_{p=1}^{n}(x^{(p)}-\bar{x})(y^{(p)}-\bar{y})}{\sum_{p=1}^{n}(x^{(p)}-\bar{x})^2}$，$b=\bar{y}-k\bar{x}$。

V4-2　数学方法解决线性回归问题

推导过程需要使用微积分，读者也可以跳过推导过程直接学习方法实现。

**1．导入必要的库**

在 PyCharm 中新建项目 machine_learning，在 machine_learning 项目下新建 Linear_regression.py，在 PyCharm 中编写以下代码。

```
import matplotlib.pyplot as plt
import numpy as np
```

需要 NumPy 库转换数据类型，需要 Matplotlib 的 pyplot 实现画图可视化。

**2．设置一个初始的 *W* 和 *b***

```
# y = W * x + b
W = 0.9
b = 15
```

写代码的时候使用 $W$ 代表权重，不使用 $k$。为了保证名词统一以及专业性，之后的斜率 $k$ 统一改为权重 $W$。

**3．在二维平面上创造一些数据**

```
train_data = []
for i in range(150):
    # 从[0.0,80.0)中随机采样，注意定义域是左闭右开，即包含 0.0，不包含 80.0
    tr_x = np.random.uniform(0.0, 80.0)
```

```
# 高斯分布的概率密度函数
# tr_x: float，此概率分布的均值（对应着整个分布的中心 center）
# 3: float，此概率分布的标准差（对应于分布的宽度）
tr_y = tr_x * W + b
train_data.append([np.random.normal(tr_x, 3), np.random.normal(tr_y, 3)])
```

随机生成一些横纵坐标数据，横坐标为学习的小时数，纵坐标为最后的成绩，生成 150 个点进行拟合。由于直接使用随机数生成的点还是分布在一条直线上，所以采用高斯分布的密度函数对生成的 $x$ 和 $y$ 值进行范围性的随机化，使这些点不完全在一条直线上，而是散落在该直线的两侧。

#### 4. 将数据在水平方向上平铺，形成一个新的数组

```
data = np.hstack(train_data).reshape(-1, 2)
```

#### 5. 绘制散点图

```
plt.xlim((0, 85))
plt.ylim((10, 95))
plt.xlabel('time/h')
plt.ylabel('fraction')
# 冒号左边是行范围，冒号右边是列范围
# 第一维全取，第二维取第 0 个和第 1 个方向
plt.scatter(data[:, 0], data[:, 1], color="cyan", edgecolor="white")
plt.show()
```

plt.xlim()函数规定了 $x$ 轴范围，plt.xlabel()函数绘制 $x$ 轴的标签，plt.scatter()函数绘制散点图，颜色为 cyan（青色），边缘为 white（白色）。由于点比较多，所以连在一起难以区分，用边缘可便于区分，绘制后的散点图如图 4-5 所示。

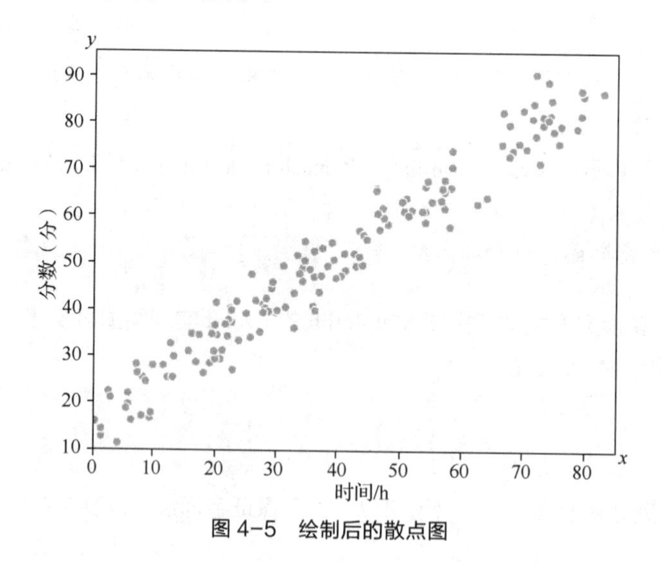


图 4-5　绘制后的散点图

#### 6. 创建训练函数

一般来说，机器学习的程序算法中需要两个自定义函数：一个是训练函数 train(x,y)，该函数的作用是将需要训练的数据和标签输入后进行训练；另一个函数是 predict(x)，它的作用是预测输入的新数据的分类标签。

```
def train_math(train_data):
    # 获取数据
    trainx = [train_d[0] for train_d in train_data]  # list
    trainy = [train_d[1] for train_d in train_data]
    xtr = np.hstack(trainx)
    ytr = np.hstack(trainy)
    x_mean = np.mean(xtr)
    y_mean = np.mean(ytr)
    numerator = 0.0  # 分子
    denominator = 0.0  # 分母
    for x_i, y_i in zip(xtr, ytr):
        numerator += (x_i - x_mean) * (y_i - y_mean)
        denominator += (x_i - x_mean) ** 2
    W = numerator / denominator
    b = y_mean - W * x_mean
    print("W = ", W)
    print("b = ", b)
    return W, b
```

### 7. 创建预测函数

```
def predict(x, W, b, data):
    y = W * x + b
    plt.xlim((0, 85))
    plt.ylim((10, 95))
    plt.xlabel('时间/h')
    plt.ylabel('分数（分）')
    plt.scatter(data[:, 0], data[:, 1], color="c", edgecolor="white")
    plt.plot([0, 85], [b, W * 85 + b], color='y', linewidth=2)
    plt.scatter(x, y, color="r", edgecolor="white")
    plt.show()
```

传入需要预测的 $x$，同时为了更加直观地了解拟合后的直线，将 data 传入函数中，$W$ 和 $b$ 作为模型也传入函数中，绘制生成的点、拟合的直线以及预测学习 50h 的成绩点。

### 8. 调用训练函数

```
W, b = train_math(data)
predict(50, W, b, data)
```

关掉 Matplotlib 打印的图像，得到 $W$ 和 $b$ 的值，结果如图 4-6 所示。

```
W =  0.9089133919816833
b =  14.75402933777768
```

图 4-6　结果

设置的 $W$ 约为 0.9，$b$ 约为 15，由于在创建随机点时加入了高斯分布的密度函数，所以所有的点不会直接分布在直线上，结果比较接近实际的权重和偏置。需要注意的是，由于每次的初始化数据都是随机生成的，所以得到的 $W$ 和 $b$ 都是不一致的。拟合的直线以及预测的点如图 4-7 所示。

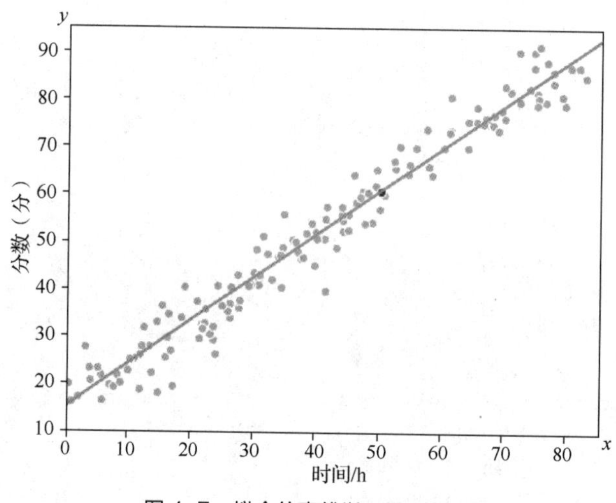


图 4-7　拟合的直线以及预测的点

### 4.1.4　利用 TensorFlow 解决线性回归问题

V4-3　利用 TensorFlow 解决线性回归问题

利用 TensorFlow 解决线性回归问题之前需要介绍一些概念。

4.1.3 小节中用数学方法解决线性回归问题，其本质是最小化一个损失函数，通过最小二乘法直接计算损失函数对应参数的数学解。但是很多机器学习的模型是求不到这样的数学解的，那么基于这样的模型，就需要使用一种基于搜索的策略来找到这个最优解。梯度下降法就是机器学习领域最小化损失函数的一个最为常用的方法。

线性函数的形式为 $y = Wx_i + b$，根据这个函数形式推导出它的损失函数为 $L=\sum_{p=1}^{n}\left(y^{(p)}-\hat{y}^{(p)}\right)^2$。但是这个损失函数是有问题的，如果有 150 个点，则可得到一个损失值 $L$，而如果有 15000 个点，那么损失 $L$ 会很大。损失函数的值与样本数据的数量是不应该有关系的，所以，对损失函数的值求平均值得到新的损失函数值，那么损失函数值的大小和样本数据的数量就没有关系了，得到新的损失函数为 $L=\frac{1}{n}\sum_{p=1}^{n}\left(y^{(p)}-\hat{y}^{(p)}\right)^2$。寻找使损失值 $L$ 最小的 $W$ 和 $b$ 的过程称为最优化（Optimization）。最优化的过程可以比作：一个蒙着眼睛的人在山地上行走，目标是要走到山底，他只能通过感受地形的变化一点一点地完成目标。在数学上，地形变化是不需要猜测的，可以计算出来，最陡峭的方向称为损失函数的梯度（Gradient）。在一维函数中，斜率是函数在某一点的瞬时变化率，梯度是函数斜率的一般化表达，它是一个向量，表示某一函数在该点处的方向，导数沿着该方向取得最大值，即函数在该点处沿着该方向（该梯度的方向）变化最快，变化率最大（为该梯度的模）。由于损失函数值需要减小，所以需要向着梯度的负方向更新，这个方法称为梯度下降法。

下面依然来看蒙着眼睛下山的例子，下山时迈不同大小的步子会导致下到山底所花费的时间不一样。如果迈的步子太大，会导致找不到最低点，一直在最低点左右徘徊；步子太小，虽然能更好地找到最低点，但是过程会比较漫长。这个步长就是学习率。

接下来使用 TensorFlow 解决引入的线性回归问题。

### 1. 导入必要的库

```
import tensorflow as tf
```

在之前的基础上，还需要导入 TensorFlow 的库。

### 2. 创建一个训练函数

```
def train_tf(train_data):
    # 1.获取数据
    trainx = [train_d[0] for train_d in train_data]  # list
    trainy = [train_d[1] for train_d in train_data]

    # 2.构造预测的线性回归函数: y= W * x + b
    W = tf.Variable(tf.random_uniform([1]))  # 从均匀分布中返回随机值，即[0, 1)
    b = tf.Variable(tf.zeros([1]))  # 在一维数组里放一个值
    y = W * trainx + b

    # 3.判断假设的函数的好坏
    cost = tf.reduce_mean(tf.square(y - trainy))

    # 4.优化函数
    optimizer = tf.train.AdamOptimizer(0.05)
    train = optimizer.minimize(cost)

    # 5.开始训练
    with tf.Session() as sess:
        # 初始化所有变量值
        sess.run(tf.global_variables_initializer())
        # 将画图模式改为交互模式
        plt.ion()
        for k in range(1000):
            sess.run(train)
            # 构造图形结构
            # 实时地输出训练好的 W 和 b
            if k % 50 == 0:
                print("第", k ,"步: ","cost=", sess.run(cost), "W=",
sess.run(W), "b=", sess.run(b))
            plt.cla()  # 清除原有图像
            plt.plot(trainx, trainy, 'co', label='train data')  # 显示数据
            plt.plot(trainx, sess.run(y), 'y', label='train result')  # 显示拟合
            plt.pause(0.01)
        plt.ioff() # 关闭交互模式
        plt.close() # 关闭当前窗口
        print("训练完成! ")
        # 输出训练好的 W 和 b
        print("finally_cost=", sess.run(cost), "finally_W=", sess.run(W),
"finally_b=", sess.run(b))
        return sess.run(W)[0], sess.run(b)[0]
```

tf.reduce_mean()函数用于计算张量 Tensor 沿着指定数轴（Tensor 的某一维度）的平均值，主要用于降维或计算结果的平均值。第 4 步中，用梯度下降算法找最优解，通过梯度下降法为最小化损失函数增加了相关的优化操作。在训练过程中，先实例化一个优化函数，并基于一定的学习率进行梯度优化训练，如 tf.train.AdamOptimizer()，该优化函数是一个寻找全局最优点的优化算法，引入了二次方梯度校正；使用 minimize()操作，不仅可以优化及更新训练的模型参数，也可以为全局步骤（Global Step）计数，函数的参数传入损失值节点 cost，再启动一个外层的循环，优化器就会按照循环的次数沿着 cost 最小值的方向优化参数。第 5 步开始训练，先初始化所有变量值和操作，打开 plt 的交互模式，开始训练并实时显示拟合的效果。

**3. 调用训练函数**

```
W, b = train_tf(data)
predict(50, W, b, data)
```

完成调用后执行该程序，经过 1000 步的训练之后，得到 $W$ 和 $b$，预测结果如图 4-8 所示，$W$ 和 $b$ 的值如图 4-9 所示。由于代码中每 50 步打印 1 次，1000 步为 0～999，所以图 4-9 中只打印到第 950 步。

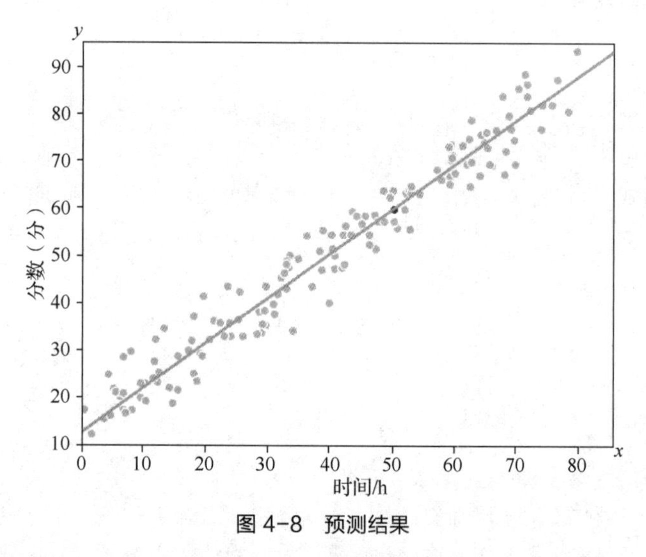


图 4-8　预测结果

```
第 900 步:  cost= 21.086172 W= [0.95508426] b= [12.359416]
第 950 步:  cost= 20.70695 W= [0.9481798] b= [12.713452]
训练完成!
finally_cost= 20.428068 finally_W= [0.9421973] finally_b= [13.020217]
0.9421973 13.020217
```

图 4-9　$W$ 和 $b$ 的值

基于 TensorFlow 实现简单线性回归，样本只有一个特征值。如果样本有多个特征值，就需要进行多元线性回归。

在简单线性回归中，横坐标 $x^{(p)}$ 表示的是一个值;如果横坐标 $x^{(p)}$ 对应的是一组向量 $(X_1^p, X_2^p, \cdots, X_n^p)$，则公式的形式就变为 $y = \theta_0 + \theta_1 X_1^p + \theta_2 X_2^p + \cdots + \theta_n X_n^p$，这个公式就是多元线性回归的公式。如果将该公式降维为简单线性回归，$\theta_0$ 就是偏置 $b$，$\theta_1$ 就是权重 $W$。

对于多元线性回归，将权重 $W$ 作为一个矩阵处理，输入的 $x$ 也必须是一个矩阵，如输入的 $x$ 矩阵为 $n\times1$，权重 $W$ 为 $1\times n$，那么 $W\times x$ 的结果就是一个 $1\times1$ 的矩阵，加上偏置 $b$，就可以得到 $y$ 的值。

## 4.2 逻辑回归

逻辑回归虽然被称为回归，但一般被用来处理分类问题，它可将样本的特征和样本发生的概率联系起来，是一种监督学习的方法。

### 4.2.1 什么是逻辑回归

在线性回归中，输入和输出呈一定的关系且输出为连续的，即 $y=f(x)$。如果输出的 $y$ 不表示为一个值，而是一个概率 $p$，则公式更改为 $p=f(x)$，从线性回归输出一个具体的值到输出概率的过程需要一个中间公式，这个中间公式为 $y=\begin{cases}1, & p\geqslant 0.5\\ 0, & p<0.5\end{cases}$。当没有中间公式的转换时，就是一个回归问题；加了中间公式之后，就是一个分类问题。加入这个公式后，对于连续的输入，输出是不连续的，即每一个输入都会被分到某一类输出中，这个中间公式可以解决二分类问题，如果想解决多分类问题，可以使用其他中间公式。

线性回归中有公式 $\hat{y}(x_i)=Wx_i+b$，在逻辑回归中，$x$ 可以为任意数（或多维数组），但是输出的概率值域为[0,1]。将线性回归的公式更改为 $\hat{p}(x_i)=\sigma(Wx_i+b)$，将 $Wx_i+b$ 作为新的特征可得到概率，$\sigma$ 往往使用 sigmoid()函数，称为激活函数，sigmoid()函数的形式为 $\sigma(h)=\dfrac{1}{1+\mathrm{e}^{-h}}$，sigmoid()函数图像如图 4-10 所示。

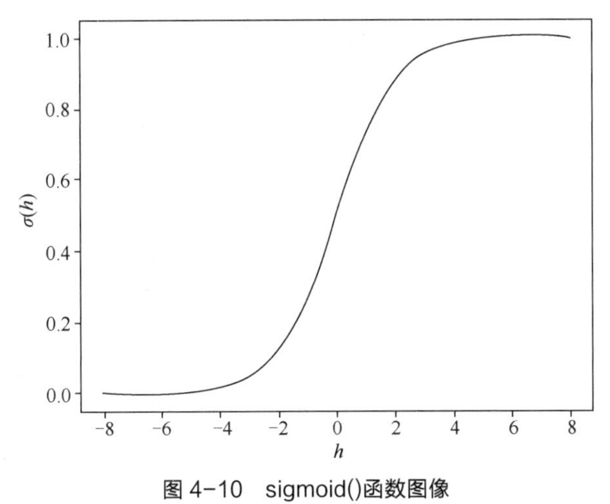


图 4-10 sigmoid()函数图像

$\sigma(h)=\dfrac{1}{1+\mathrm{e}^{-h}}$ 函数的值域为(0，1)，左右都是开区间。它的特点是：当 $h$ 无限大时，分母无限趋近于 1，整体也是无限趋近于 1 的；当 $h$ 无限小时，分母无限趋近于无穷大，整体是无限趋近于 0 的。将 sigmoid()函数在坐标轴上绘制出来后，拥有坐标轴的 sigmoid()函数图像如图 4-11 所示。

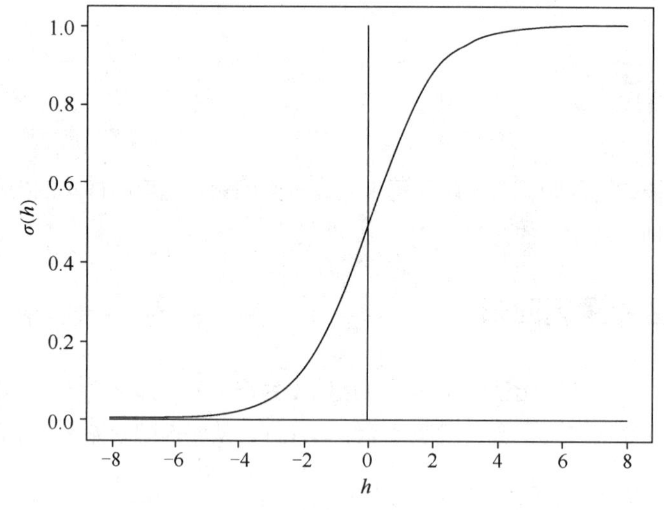


图 4-11　拥有坐标轴的 sigmoid()函数图像

根据图 4-11 可知，当横坐标 $h$ 大于 0 时，纵坐标 $\sigma(h)$ 大于 0.5，当横坐标 $h$ 小于 0 时，纵坐标 $\sigma(h)$ 小于 0.5，逻辑回归公式为 $\hat{p}(x_i)=\dfrac{1}{1+\mathrm{e}^{-(Wx_i+b)}}$，所以当 $\sigma(h)$ 大于 0.5 时，分类为 1；$\sigma(h)$ 小于 0.5 时，分类为 0。

### 4.2.2　逻辑回归例子引入

银行基于一个人的信用度决定是否为其发放信用卡，这里假设横坐标 $x$ 是信用度，纵坐标 $y$ 是工作稳定性。设置一些点，三角形代表银行不发给他信用卡，五角星代表银行发给他信用卡，如图 4-12 所示。

V4-4　逻辑回归例子引入

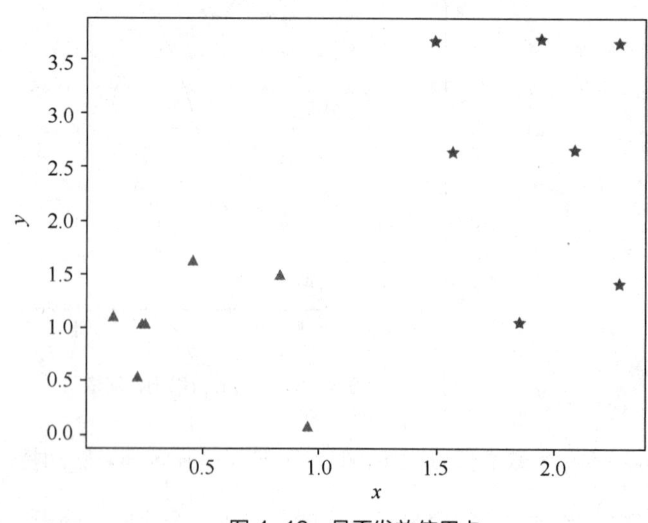


图 4-12　是否发放信用卡

### 4.2.3 数学方法解决逻辑回归问题

在线性回归中，结果是线性的，期望 $y$ 和 $\hat{y}$ 的差距尽可能小，可以使用距离求解。但是在逻辑回归中，得到的结果是概率，没办法直接求距离，这时候需要做一些处理，使用损失函数 $y=\begin{cases}-\log(x) & \text{if}: x=1\\ -\log(1-x) & \text{if}: x=0\end{cases}$，其中 $x$ 是逻辑回归的结果。对于该公式，损失函数的图像如图 4-13 所示。

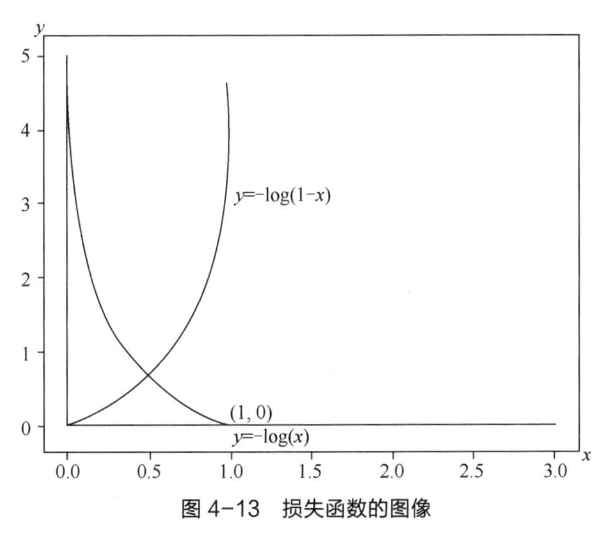


图 4-13　损失函数的图像

图 4-13 中，$-\log(x)$ 的 $x$ 代表逻辑回归分类后的结果，即 $\hat{p}$，值域为(0, 1)，在 $y$=0 曲线上，当估计出来的 $\hat{p}$ 趋近于 1 时，整个函数趋近于正无穷，算法会将分类结果分到 $\hat{y}=1$。但是此时是在 $y$=0 曲线上，即 $y$ 的分类应该是 0，所以分类分错了，损失函数值会非常大，随着 $\hat{p}$ 减小，损失函数值越来越小，直到趋近于 0 甚至等于 0，分类正确。这样就将损失函数值的大小与分类的正确与否关联起来了。对于另外一条曲线，思路与之类似。

损失函数是两个函数，在编程的时候会造成困难，所以将其合并为一个函数：$\text{cost}=-y\log\hat{p}-(1-y)\log(1-\hat{p})$。当 $y$=1 时，$\text{cost}=-\log\hat{p}$；当 $y$=0 时，$\text{cost}=-\log(1-\hat{p})$。这里有一个样本，当有 $n$ 个样本时，损失函数为 $\text{cost}=-\frac{1}{n}\sum_{i=1}^{n}y^i\log\hat{p}^i+(1-y^i)\log(1-\hat{p}^i)$，其中，$\hat{p}^i=\sigma(\boldsymbol{W}x_i+\boldsymbol{b})$，按照解决线性回归问题的思路，应该算出它的数学公式解，但是这个式子是没有数学公式解的，所以这里使用梯度下降的方法解决该逻辑回归问题。

### 4.2.4 利用 TensorFlow 解决逻辑回归问题

V4-5　利用 TensorFlow 解决逻辑回归问题

使用梯度下降法实现逻辑回归，绘制一条线将是否发给用户信用卡两类数据分开，在 machine_learning 项目下新建 Logistic_regression.py。

**1. 导入必要的库**

```
import matplotlib.pyplot as plt
import tensorflow as tf
import numpy as np
```

### 2. 训练逻辑回归

```
# 创造数据
raw_data_X = [[1.85, 1.05],
              [1.57, 2.63],
              [2.28, 1.42],
              [2.28, 3.64],
              [1.94, 3.68],
              [2.09, 2.66],
              [1.49, 3.66],

              [0.12, 1.12],
              [0.25, 1.04],
              [0.23, 0.54],
              [0.83, 1.49],
              [0.95, 0.09],
              [0.46, 1.63],
              [0.26, 1.03],
              ]
raw_data_Y = [0, 0, 0, 0, 0, 0, 0, 1, 1, 1, 1, 1, 1, 1];
data = np.array(raw_data_X)
label = np.array(raw_data_Y)

data = np.hstack(data).reshape(-1,2)
label = np.hstack(label).reshape(-1,1)
label1 = label.reshape(1,-1)[0]

plt.scatter(data[label1 == 0, 0], data[label1 == 0, 1], marker="*")
plt.scatter(data[label1 == 1, 0], data[label1 == 1, 1], marker="^")
plt.show()

x = tf.placeholder(tf.float32,shape=(None,2))
y_ = tf.placeholder(tf.float32,shape=(None,1))

# tf.random_normal()函数用于从服从指定正态分布的数值中取出指定个数的值
# tf.random_normal(shape, mean=0.0, stddev=1.0, dtype=tf.float32, seed=None,
name=None)
weight = tf.Variable(tf.random_normal([2,1]), dtype=tf.float32)
bias = tf.Variable(tf.constant(0.1, shape=[1]))

# tf.nn.sigmoid()是激活函数
y_hat = tf.nn.sigmoid(tf.matmul(x, weight) + bias)

# 不适用该损失函数
# cost = tf.reduce_sum(tf.square(y_ - y_hat))
# 损失函数
cost = - tf.reduce_mean(y_ * tf.log(tf.clip_by_value(y_hat, 1e-10, 1.0)) + \
    (1 - y_) * tf.log(tf.clip_by_value((1 - y_hat), 1e-10, 1.0)))

# 梯度下降
optimizer = tf.train.AdamOptimizer(0.001)
```

```
    train = optimizer.minimize(cost)

    # 开始训练
    with tf.Session() as sess:
        sess.run(tf.global_variables_initializer())
        plt.ion()
        for i in range(8000):
            sess.run(train,feed_dict={x:data,y_:label})
            #画出训练后的分割函数
            #mgrid()函数产生两个 300×400 的数组：0~3 每隔 0.1 取一个数，共 300×400 个
            xx, yy = np.mgrid[0:3:.1,0:4:.1]
            if (i % 20) == 0:
                # np.c_用于合并两个数组
                # ravel()函数将多维数组降为一维，仍返回 array 数组，元素以列排列
                grid = np.c_[xx.ravel(), yy.ravel()]
                probs = sess.run(y_hat, feed_dict={x:grid})
                # print(probs)
                probs = probs.reshape(xx.shape)
                plt.cla() # 清除原有图像
                plt.scatter(data[label1 == 0, 0], data[label1 == 0, 1], marker="*")
                plt.scatter(data[label1 == 1, 0], data[label1 == 1, 1], marker="^")
                plt.contour(xx, yy, probs, levels=[.5])
                plt.pause(0.00001)
                print("After %d steps, cost:%f" % (i, sess.run(cost, feed_dict=
{x:data,y_:label})))
        plt.close()
```

经过 8000 步的训练后，逻辑回归结果如图 4-14 所示。

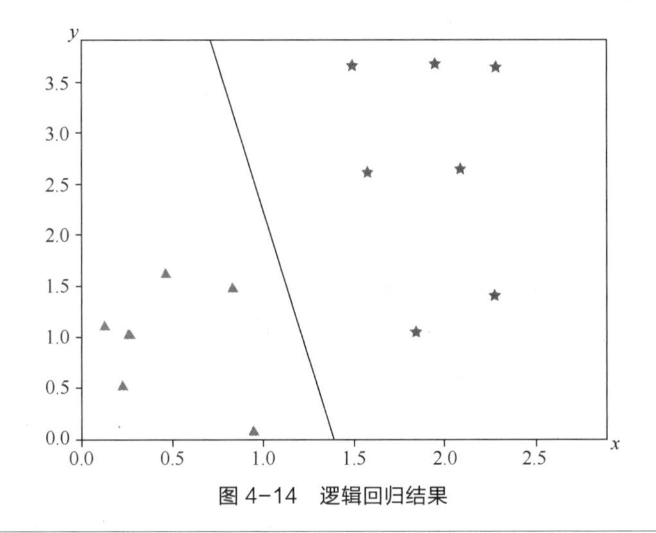


图 4-14 逻辑回归结果

## 4.3 KNN

KNN（K-Nearest Neighbor，K 近邻法）是一种简单易懂的多分类方法，它也可以被用于回归运算中。

### 4.3.1 什么是 KNN

KNN 是一种惰性学习算法，它是基于实例的，并没有经过大量的训练来学习模型或者特征，而是仅仅记住了需要训练的相关实例。KNN 是监督学习的一种。

KNN 是给定测试实例。基于某种距离度量找出训练集中与其最靠近的 $k$ 个实例点，然后基于这 $k$ 个最近邻的信息来进行预测，简而言之，需要预测的实例与哪一类离得更近，就属于哪一类。

### 4.3.2 KNN 例子引入

V4-6 KNN 例子引入

本小节介绍使用 KNN 处理分类问题，为了便于理解，这里处理二维的数据。例如，在某二维平面内有 3 种不同的图形，即五角星、三角形、正方形，它们的形状和它们的位置（即在 $x$、$y$ 轴的坐标）有关系，现在出现了一个新的点，要将其归为以上 3 类中的某一类，可采用 KNN 完成。二维平面示意图如图 4-15 所示。

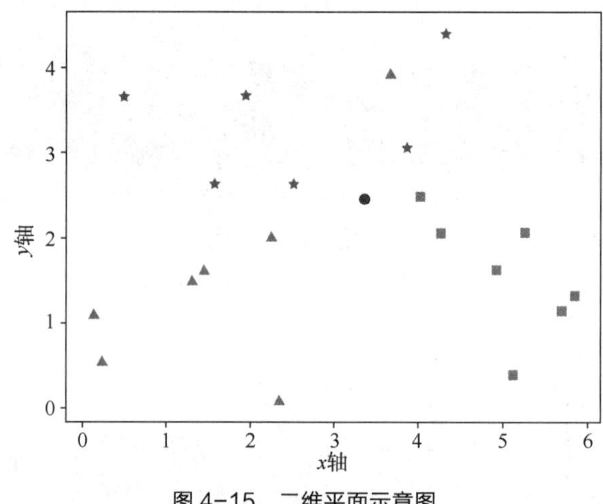


图 4-15 二维平面示意图

那么如何使用 KNN 将新的点进行分类呢？需要给 KNN 制订步骤：

（1）计算距离；

（2）取出距离最近的点，找到新的点与哪一类更接近，观察分类结果。

依然使用 L2 距离作为距离度量，计算新的点（测试点）到每一个已知点（标签点）的 L2 距离并比对距离，是只需要寻找最近的一个标签点作为测试点的标签就可以吗？答案是否定的，KNN 最简单的思想是：找到与预测数据最相近的 $k$ 个数据，然后对预测数据进行投票，票数最高的标签作为预测数据的标签。当 $k$=1 时，K 近邻算法就变成了近邻算法。比较不同的 $k$ 值对分类效果的影响，使用 L2 距离的分类器画出五角星、三角形、正方形 3 种分类的决策边界，决策边界一侧的所有点属于一个类，另一侧的所有点属于另一个类，在二维平面内表示，不同颜色代表一类，$k$=1 时的决策边界如图 4-16 所示。

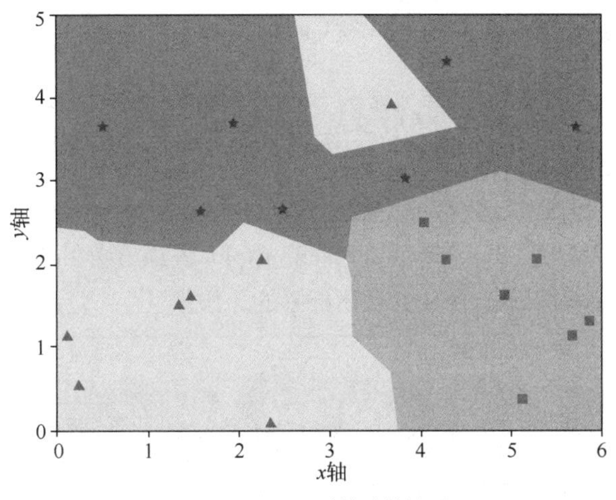

图 4-16　$k$=1 时的决策边界

$k$=5 时的决策边界如图 4-17 所示。

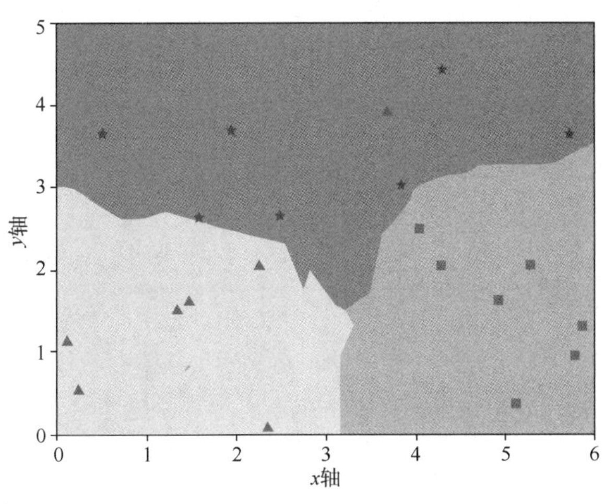

图 4-17　$k$=5 时的决策边界

在 $k$=1 时，异常的数据点（五角星区域的三角形）创造了一个非正常的预测区域；而 $k$=5 时，这个区域消失了，决策边界更加平滑，针对测试数据的泛化能力更好。在 KNN 算法中，$k$ 越小，学习结果就越有可能被“局部信息”所左右，所以 $k$ 的取值很重要。

在 KNN 分类器中，需要人为选择不同的距离函数以及 $k$ 的不同取值等，需要人为确定的参数称为超参数（Hyperparameter）。

### 4.3.3 数学方法解决 KNN 问题

V4-7　解决 KNN 问题

本小节介绍通过数学方法对引出的例子使用 KNN 分类，需要计算新出现的测试点到各个五角星、三角形、正方形的距离，得到距离后比较各个距离的远近，选取 $k$ 个近距离后查看哪个类的较多，新的测试点就属于哪一类，完成分类。

接下来就按这个逻辑顺序完成基于L2距离的KNN分类，在machine_learning项目下新建knn.py。

### 1. 导入必要的库

```
import matplotlib.pyplot as plt
from collections import Counter
from math import sqrt
import numpy as np
```

NumPy库负责转换数据类型，Matplotlib库的pyplot库负责画出图像，Math库的sqrt()函数负责求开方，Collections的Counter()函数负责标签的计数。

### 2. 在二维平面上创建一些数据

```
raw_data_X = [[3.85, 3.05],
                [1.57, 2.63],
                [4.28, 4.42],
                [5.68, 3.64],
                [1.94, 3.68],
                [2.49, 2.66],
                [0.49, 3.66],

                [0.12, 1.12],
                [2.25, 2.04],
                [0.23, 0.54],
                [1.33, 1.49],
                [2.35, 0.09],
                [1.46, 1.63],
                [3.66, 3.93],

                [5.11, 0.39],
                [5.69, 1.14],
                [4.03, 2.49],
                [4.92, 1.62],
                [5.26, 2.05],
                [4.26, 2.05],
                [5.84, 1.31]
                ]
raw_data_Y = [0, 0, 0, 0, 0, 0, 0, 1, 1, 1, 1, 1, 1, 1, 2, 2, 2, 2, 2, 2, 2]
```

数据分为3类，横坐标范围为0～8，纵坐标范围为0～5。数据可以自己写或者使用随机数生成。创建两个列表，raw_data_X是坐标数据，raw_data_Y是标签。

### 3. 将列表转换为NumPy

```
x_train = np.array(raw_data_X)
y_train = np.array(raw_data_Y)
```

使用np.array()函数进行类型转换。

### 4. 新建一个测试点

```
x_test = np.array([3.35, 2.46])
```

将列表转换成NumPy数据类型。

### 5. 绘制散点图

```
plt.xlabel('x轴')
plt.ylabel('y轴')
plt.scatter(x_train[y_train == 0,0], x_train[y_train == 0,1], marker = "*")
plt.scatter(x_train[y_train == 1,0], x_train[y_train == 1,1], marker = "^")
```

```
plt.scatter(x_train[y_train == 2,0], x_train[y_train == 2,1], marker = "s")
plt.scatter(x_test [0], x_test [1], marker = "o")
plt.show()
```

plt.xlabel()函数绘制 *x* 轴的标签“x 轴”，plt.ylabel()函数绘制 *y* 轴的标签“y 轴”，使用 plt.scatter()函数绘制散点图，使用 plt.show()函数显示图像，显示结果如图 4-18 所示。

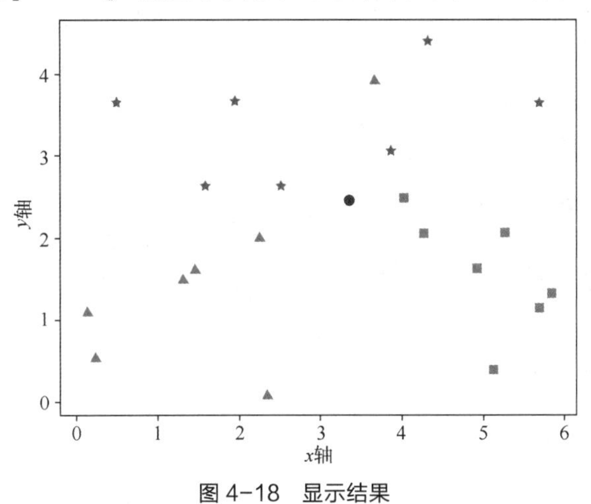


图 4-18　显示结果

### 6. 创建训练函数

```
def train(X, y):
      Xtr = X
      Ytr = y
      return Xtr, Ytr
```

由于 KNN 的特性，所以直接将输入赋值给输出。

### 7. 创建预测函数

```
def predict_math (X, xtrain, ytrain):
    # 求 L2 距离
    distances = [sqrt(np.sum((X_train - X) ** 2)) for X_train in xtrain]
    # 对数组进行排序，返回的是值的索引值
    nearest = np.argsort(distances)
    # 取出前 3 个离得最近的点的标签
    k = 3
    topK_y = [ytrain[i] for i in nearest[:k]]
    # 计数，取到键值对。键：标签；值：个数
    votes = Counter(topK_y)
    # 在键值对中值最多的键
    print(votes.most_common(1)[0][0])
```

整体思路为：首先，计算预测的点到训练的点的 L2 距离，得到距离后组成列表，利用 np.argsort()函数将该列表排序，返回索引值；接下来取出 3 个离得最近的点的标签，即 $k$=3；最后将结果组成键值对，键为标签，值为标签的个数，得到键值对中值最多的键，即可得到分类标签。

### 8. 调用训练函数与预测函数，完成预测

```
xtrain, ytrain = train(x_train, y_train)
predict_math (x_test, xtrain, ytrain)
```

$k$=3 时认为测试点属于第 0 个类别，即五角星的类别。此时直接输出不是非常直观，为了便

于理解，将结果绘制出来。

**9. 修改预测函数**

```
def predict_math(X, xtrain, ytrain):
    # 求 L2 距离
    distances = [sqrt(np.sum((X_train - X) ** 2)) for X_train in xtrain]
    # 对数组进行排序，返回的是值的索引值
    nearest = np.argsort(distances)
    # 取出前 3 个离得最近的点的标签
    k = 3
    topK_y = [ytrain[i] for i in nearest[:k]]
    # 计数，取到键值对。键：标签；值：个数
    votes = Counter(topK_y)
    # 在键值对中值最多的键
    print(votes.most_common(1)[0][0])

    # 得到最接近的 3 个点的索引值
    k = 3
    topK_X = nearest[:k]
    for i in range(3):
        # 绘制预测点与最接近的 3 个点连成的直线
        plt.plot([X[0], xtrain[topK_X[i]][0]], [X[1], xtrain[topK_X[i]][1]])
        # 绘制预测点与最接近的 3 个点之间的长度
        plt.annotate("%s"%round(distances[topK_X[i]], 2),
                     xy=((X[0] + xtrain[topK_X[i]][0]) / 2,(X[1] +
xtrain[topK_X[i]][1]) / 2))
    plt.xlabel('x 轴')
    plt.ylabel('y 轴')
    plt.scatter(x_train[y_train == 0, 0], x_train[y_train == 0, 1], marker="*")
    plt.scatter(x_train[y_train == 1, 0], x_train[y_train == 1, 1], marker="^")
    plt.scatter(x_train[y_train == 2, 0], x_train[y_train == 2, 1], marker="s")
    plt.scatter(x_test[0], x_test[1], marker="o")
    plt.show()
```

在输出所属类别的基础上绘制预测点与最接近的 3 个点连成的直线，并标出它们的距离，KNN 结果如图 4-19 所示。

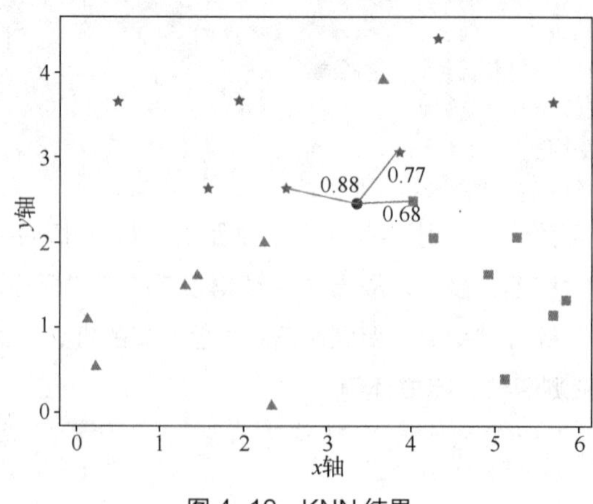


图 4-19　KNN 结果

### 4.3.4 利用 TensorFlow 解决 KNN 问题

在使用 TensorFlow 实现 KNN 时，创造数据、数据训练的过程与使用数学方法实现 KNN 是一致的，只需要修改 predict()函数即可。这里依然在 knn.py 文件中完成预测函数，直接新建一个函数 predict_tf()，在该函数中编写代码。

下面介绍完成基于 TensorFlow 的 KNN 运算的步骤。

**1. 导入必要的库**

```
import tensorflow as tf
```

需要导入 TensorFlow 的库。

**2. 完成预测函数**

```
def predict_tf(X, xtrain, ytrain):
        # 定义变量大小
        xtr = tf.placeholder("float", [None, 2])
        xte = tf.placeholder("float", [2])
        # 计算 L2 距离
        # tf.negative()函数用于取相反数
        # 调用 reduce_sum(arg1, arg2)时，参数 arg1 即为和的数据，arg2 可以取 0 和 1
        # 当 arg2 = 0 时，是纵向对矩阵求和，原来的矩阵有几列就得到几个值
        # 当 arg2 = 1 时，是横向对矩阵求和；当省略 arg2 参数时，默认对矩阵所有元素进行求和
        distance = tf.sqrt(tf.reduce_sum(tf.square(tf.add(xtr, tf.negative(xte))),
reduction_indices=1))
        with tf.Session() as sess:
                # 添加用于初始化变量的节点
                sess.run(tf.global_variables_initializer())
                # 近邻算法：将测试集与训练集进行对比，返回误差最小的下标
                nn_index = sess.run(distance, feed_dict={xtr: xtrain, xte: X})
                # 对数组进行排序，返回的是值的下角标
                nearest = np.argsort(nn_index)
                # 取出前 3 个离得最近的点的标签
                k = 3
                topK_y = [ytrain[i] for i in nearest[:k]]
                # 计数，取到键值对。键：标签；值：个数
                votes = Counter(topK_y)
                # 在键值对中值最多的键
                print(votes.most_common(1)[0][0])
```

该程序实现了基于 TensorFlow 的 KNN 运算，得到它的分类为五角星类别。

KNN 的特点是思想比较简单，应用数学少，是一个几乎不需要训练过程的算法。因为其训练过程只是将训练集数据存储起来，所以算法的训练不需要花费较多时间。这显然是一个缺点，虽然训练不需要花费较多时间，但是时间都花费在了测试上。如果训练中有 $m$ 个样本、$n$ 个特征，那么每预测一个新的数据都需要计算这一个数据和所有 $m$ 个样本之间的距离，测试的时候，每计算一个距离就要使用 $O(n)$的时间复杂度，计算 $m$ 个样本之间的距离，就要使用 $O(m\times n)$的时间复

杂度。这与正常情况是不相符的，正常情况希望训练时间较长，但是测试时间要短。

对 KNN 算法有很多优化方式，如运用 k-d 树或者 K-Means，尽管如此，KNN 算法依然是一个效率比较低的算法，但是在维数较低的情况下是不错的选择。

## 4.4 使用第三方模块实现 KNN

Python 有很多第三方模块，可以直接调用一些机器学习算法的接口，而无须自己搭建算法，如 Scikit-learn（Sklearn），该第三方模块对常用的机器学习方法进行了封装，包括回归（Regression）、降维（Dimensionality Reduction）、分类（Classfication）、聚类（Clustering）等方法。本节通过 Scikit-learn 库实现使用 KNN 算法演示第三方库。

在 4.3 节的图 4-16 和图 4-17 中绘制了 KNN 的决策边界，该决策边界是基于 Scikit-learn 库的 neighbors 模块，使用 KNN 算法的预测功能实现的。

首先安装 Scikit-learn 库，在交互模式（联网状态）下输入：

```
pip install scikit-learn==0.20.2
```

安装完成后，在交互模式下输入“import sklearn”，查看是否报错，不报错则表示安装成功，如图 4-20 所示。

```
Python 3.6.7 |Anaconda, Inc.| (default, Oct 28 2018, 19:44:12) [MSC v.1915 64 bit (AMD64)] on win32
Type "help", "copyright", "credits" or "license" for more information.
>>> import sklearn
>>>
```

图 4-20　Scikit-learn 安装成功

接下来绘制 KNN 决策边界，在 machine_learning 项目下新建 Decision_boundary.py。

### 1. 导入必要的库

```
from sklearn.neighbors import KNeighborsClassifier
from matplotlib.colors import ListedColormap
import matplotlib.pyplot as plt
import numpy as np
```

### 2. 创建 KNN 类

由于数据集在二维平面内，所以在类的初始化函数中创造数据集的横纵坐标以及对应的标签。

```
class KNNDeal:
    def __init__(self):
        self.__module__ = "这是绘制 KNN 的决策边界代码"
        self.raw_data_X = [[3.85, 3.05],
                           [1.57, 2.63],
                           [4.28, 4.42],
                           [5.68, 3.64],
                           [1.94, 3.68],
                           [2.49, 2.66],
                           [0.49, 3.66],

                           [0.12, 1.12],
                           [2.25, 2.04],
                           [0.23, 0.54],
```

```
                              [1.33, 1.49],
                              [2.35, 0.09],
                              [1.46, 1.63],
                              [3.66, 3.93],

                              [5.11, 0.39],
                              [5.69, 1.14],
                              [4.03, 2.49],
                              [4.92, 1.62],
                              [5.26, 2.05],
                              [4.26, 2.05],
                              [5.84, 1.31]
                              ]
            self.raw_data_Y = [0, 0, 0, 0, 0, 0, 0, 1, 1, 1, 1, 1, 1, 1, 2, 2, 2,
2, 2, 2, 2];
            self.x_train = np.array(self.raw_data_X)
            self.y_train = np.array(self.raw_data_Y)
```

### 3. 在类内新增 knn_predict()函数

knn_predict()函数的作用是使用 KNN 网络实现边界预测，参数为 KNN 模型和数据集。

```
# 转换数据类型并使用 KNN 网络预测
def knn_predict(self, model, axis):
    x0, x1 = np.meshgrid(
        np.linspace(axis[0], axis[1], int((axis[1] - axis[0]) * 100)).reshape(-1, 1),
        np.linspace(axis[2], axis[3], int((axis[3] - axis[2]) * 100)).reshape(-1, 1),
    )
    X_new = np.c_[x0.ravel(), x1.ravel()]

    y_predict = model.predict(X_new)
    zz = y_predict.reshape(x0.shape)

    custom_cmap = ListedColormap(['#EF9A9A', '#FFF59D', '#90CAF9'])

    plt.contourf(x0, x1, zz, linewidth=5, cmap=custom_cmap)
```

### 4. 在类内新增 display_decision_boundary()函数

display_decision_boundary()函数用于显示 KNN 的决策边界。

```
def display_decision_boundary(self, n_neighbors):
    knn_clf_1 = KNeighborsClassifier(n_neighbors)
    knn_clf_1.fit(self.x_train, self.y_train)

    self.knn_predict(knn_clf_1, axis=[0, 6, 0, 5])
    plt.xlabel('x 轴')
    plt.ylabel('y 轴')
    plt.scatter(self.x_train[self.y_train == 0, 0], self.x_train[self.y_train
== 0, 1], marker="*")
    plt.scatter(self.x_train[self.y_train == 1, 0], self.x_train[self.y_train
== 1, 1], marker="^")
    plt.scatter(self.x_train[self.y_train == 2, 0], self.x_train[self.y_train
== 2, 1], marker="s")
    plt.show()
```

### 5. 新建对象

```
knn = KNNDeal()
```

**6. 基于 KNN 算法显示预测后的决策边界**

display_decision_boundary()函数的参数为最近邻的超参数 $k$。图 4-16 的超参数 $k$ 为 1，图 4-17 的超参数 $k$ 为 5。

```
knn.display_decision_boundary(5)
```

除了 Scikit-learn 库外，还有很多第三方库拥有机器学习或者深度学习的 API，读者可以多多学习。

## 4.5 其他机器学习算法

除了前面介绍的机器学习算法之外，还有很多其他机器学习算法。

### 4.5.1 支持向量机

支持向量机（SVM）是一种有监督学习的算法，它可用于分类和回归分析，多用于分类问题中。该算法会根据特征值构建一个 $n$ 维空间，即 $n$ 个数据特征，并把数据点投影到该空间内，之后寻找一个超平面，将空间内的数据分开，如图 4-21 所示。这个超平面是否合格的判断标准是：此超平面到最近元素的距离最远。在二维空间内，超平面就是一条直线。图 4-21 中，实线表示找到的最佳超平面，虚线表示没有找到最佳超平面。

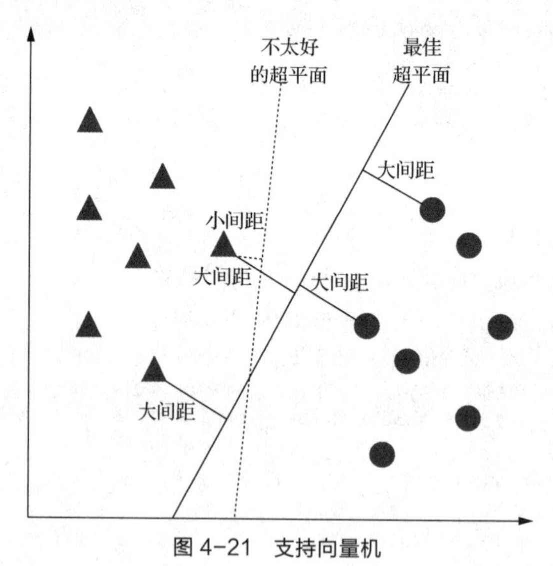


图 4-21　支持向量机

### 4.5.2 决策树

决策树是一种有监督学习的算法，主要用于分类问题中。决策树可以理解为这样一棵树：这棵树上有很多的分支节点，每个分支代表一个选项，每个叶节点表示最终做出的决策。生成的树示例如图 4-22 所示。

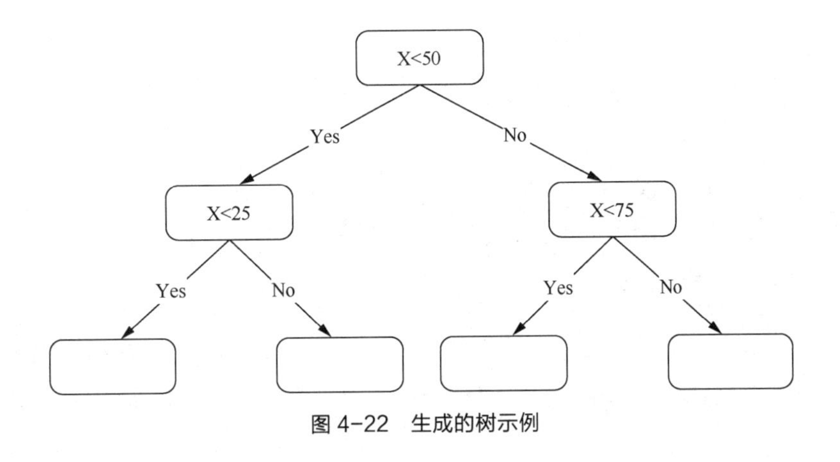


图 4-22 生成的树示例

### 4.5.3 随机森林

随机森林是有监督的集成学习模型，主要用于分类和回归。随机森林建立了很多决策树并将其集成，以获得更准确、更稳定的预测。

### 4.5.4 K-Means

K-均值聚类（K-Means）是一种无监督学习算法。聚类算法用于把族群或数据点分割成一系列的族，使得相同族中的数据点比其他族更相似。K-均值聚类是把所有数据分成 $k$ 个族，同一族中的所有项彼此尽量相似，不同族中的项尽量不同。每个族中有一个形心，形心为最能代表族的点。

## 4.6 小结

本章主要讲解了机器学习的 3 个算法，即线性回归、逻辑回归、KNN，分析了监督学习和非监督学习的特点以及区别。对于线性回归，一方面使用数学方法完成了简单的线性回归，另一方面引出了梯度下降、学习率以及损失函数的概念，这些都是机器学习和深度学习中非常重要的概念。梯度下降有随机梯度下降（SGD）和批量梯度下降（BGD），由于概念比较多，本书没有进行太多的介绍，需要读者多多自行学习。逻辑回归是现在比较流行的机器学习分类算法之一，本章介绍了它的损失函数，损失函数的整体形式比较复杂，需要读者详细了解。另外，本书还介绍并使用了激活函数 sigmoid()，这是几个常用的激活函数之一。KNN 是解决多分类问题的一种方法，但是它的缺点也很明显。

## 4.7 练习题

1. 熟悉线性回归、逻辑回归、KNN 的概念。
2. 基于简单线性回归完成一个多元线性回归。

# 第5章

# MNIST数据集及神经网络

数据集，又称为资料集、数据集合或资料集合，是一种由数据所组成的集合。在图像处理中，会将图像作为数据集。

神经网络包括生物神经网络和人工神经网络。人工神经网络是一种模仿动物神经网络行为特征，进行分布式并行信息处理的算法数学模型。

**重点知识：**

① MNIST 数据集简介
② 神经元常用函数
③ 深度神经网络
④ 经典卷积神经网络介绍
⑤ 循环神经网络
⑥ 优化器及优化方法

## 5.1 MNIST 数据集简介

数据集（Dataset）是一类数据的集合。传统的数据集通常表现为表格或者文档形式，每个数值被称为数据资料。不同的数据集，形式是不同的，如图像的数据集可能是文件的形式，在文件中可能是十六进制数值的形式，或者是一系列照片的形式，再或者是视频的形式。

经典的数据集如表 5-1 所示。

**表 5-1　经典的数据集**

| 数据集名称 | 功能 |
|---|---|
| Iris Flower 数据集 | 由罗纳德・费希尔（Ronald Fisher）引入的多变量数据集 |
| MNIST 数据集 | 通常用于测试分类、聚类和图像处理算法的手写数字图像 |
| 分类数据分析数据集 | 一个统计程序清单，可用于分类数据的分析 |
| 时间序列数据集 | 在时间上顺序索引的一系列数据 |

MNIST 数据集是一个含有手写数字的大型数据集，包含 0～9 共 10 个数字，通常用于训练图像处理系统。该数据集还广泛用于机器学习领域的训练和测试。

MNIST 数据集包含 60000 个训练图像和 10000 个测试图像，其中，训练集的一半和测试集的一半来自 NIST 的训练数据集，训练集的另一半和测试集的另一半来自 NIST 的测试数据集。

MNIST 数据集共有 4 个文件，分别是训练集数据、训练集标签以及测试集数据、测试集标签。MNIST 数据集的图像以字节的形式进行存储，每幅图像都为单通道图像，由 28×28 个像素点构成。

MNIST 数据集的测试集样本图像如图 5-1 所示。

图 5-1　MNIST 数据集的测试集样本图像

不同分类器使用 MNIST 数据集的错误率如表 5-2 所示。

表 5-2　不同分类器使用 MNIST 数据集的错误率

| 类型 | 错误率（%） |
| --- | --- |
| 非线性分类器 | 3.3 |
| 线性分类器 | 7.6 |
| 2 层深度神经网络（DNN） | 1.6 |
| 支持向量机（SVM） | 0.56 |
| 6 层深度神经网络（DNN） | 0.35 |
| 5 层卷积神经网络（CNN） | 0.21 |

## 5.2 神经元常用函数

神经网络中常用的函数有激活函数、池化函数和损失函数等。

### 5.2.1 激活函数

V5-1　神经元常用激活函数

在神经网络中，激活函数的存在使得网络加入了非线性因素，从而弥补了线性模型处理非线性问题时的局限性，使神经网络能够更好地解决语音、图像等非线性问题。激活函数的输入是一个数字，然后对该输入进行某种数学运算或操作。

### 1. sigmoid()函数

在之前的一段时间内，sigmoid()函数是非常常用的，因为它对神经元的激活有很好的解释，且它本身为单调连续，非常适合作为输出层。但它的缺陷也是非常明显的。第一，当输入稍微远离了坐标原点，函数的梯度就变得很小了，几乎为 0，这会导致在反向传播过程中，梯度很小的时候接近 0，神经网络无法更新参数，这个问题称为梯度饱和，也可以称为梯度弥散。第二，sigmoid()函数的输出不是零中心的，这会影响梯度下降的运作。

### 2. tanh()函数

tanh()函数的数学公式为 $\tanh(x)=\frac{\sinh x}{\cosh x}=\frac{e^x-e^{-x}}{e^x+e^{-x}}$，tanh()函数图像如图 5-2 所示。

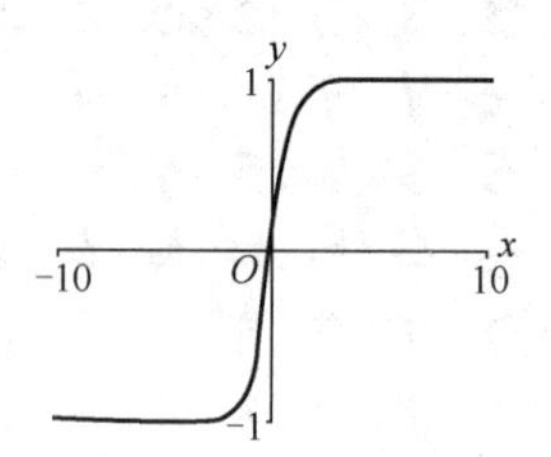


图 5-2　tanh()函数图像

tanh()函数的定义域是 $(-\infty,+\infty)$，值域是$(-1,1)$。其输入如果是很大的负数，其值就会无限接近于−1；输入如果是很大的正数，其值就会无限接近于 1。和 sigmoid()函数一样，tanh()也存在梯度饱和问题，但是 tanh()的输出是零中心的，所以实际使用更多一些。

### 3. ReLU 函数

ReLU 函数的数学公式为 $f(x)=\max(0,x)$，ReLU 函数图像如图 5-3 所示。

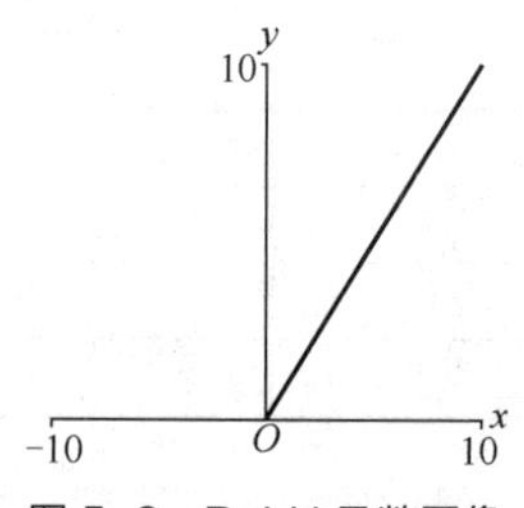


图 5-3　ReLU 函数图像

ReLU 函数的定义域是 $(-\infty,+\infty)$，值域是 $[0,+\infty)$。这个激活函数可以理解为一个关于 0 的阈值。ReLU 在近几年非常流行。相对于 sigmoid()函数和 tanh()函数，ReLU 函数对于随机梯度下降的收敛有很大的加速作用，克里泽夫斯基（Alex Krizhevsky）等人的论文指出这个加速作用强度是其他两种函数的 6 倍之多。同时，ReLU 函数做的是阈值计算，不是指数运算，更加节省计算资源。但是它的缺点也显而易见，ReLU 单元容易“死掉”，当一个很大的梯度流过 ReLU 的神经元时，神经元将无法被其他任何数据点再次激活，流过这个神经元的梯度将都变成 0，而且是不可逆转的。通过合理地设置学习率，出现这种现象的概率会降低。

除了这些激活函数外，还有 LeakyReLU 函数、Maxout()函数等。需要注意的是：在同一网络中，很少会混合使用不同类型的激活函数。

## 5.2.2 池化函数

池化是用一个矩阵窗口在张量上进行扫描，通过取最大值或者平均值等方式来减少参数数量的方法。最大值池化和平均值池化的过程如图 5-4 所示。

输入数据

| 1 | 1 | 1 | 0 |
|---|---|---|---|
| 2 | 3 | 3 | 1 |
| 2 | 3 | 2 | 1 |
| 1 | 2 | 2 | 1 |

最大值池化 →

池化结果

| 3 | 3 |
|---|---|
| 3 | 2 |

输入数据

| 1 | 1 | 1 | 0 |
|---|---|---|---|
| 2 | 3 | 3 | 1 |
| 2 | 3 | 2 | 1 |
| 1 | 2 | 2 | 1 |

平均值池化 →

池化结果

| 7/4 | 5/4 |
|---|---|
| 2 | 3/2 |

图 5-4　最大值池化和平均值池化的过程

V5-2　卷积过程与池化过程

图 5-4 中，池化的核为 2×2，步长为 2，即每次卷积核向右或者向下移动两格，所以在最大值池化中，池化结果左上角的 3 是由输入数据左上角 2×2 的[1,1,2,3]中的最大值决定的，平均值池化中池化结果的 7/4 是由输入数据左上角 2×2 的[1,1,2,3]的平均值决定的。

为了减少 CNN 的计算负载、内存使用以及参数量等，同时也为了降低 CNN 过拟合的风险，在网络中添加池化函数。池化层主要对输入的图像进行降采样（Subsample），池化并不改变深度或维度，只改变大小。池化函数有平均值池化函数和最大值池化函数等。

### 1. 平均值池化函数

TensorFlow 函数：tf.nn.avg_pool(value,ksize,strides,padding,name=None)，该函数计算的是池化区域的平均值。

value：需要池化的输入，一般池化层接在卷积层后面，这是一个四维的张量，4 个维度为[batch,height,width,channels]。

ksize：池化窗口的大小，是一个四维向量，一般是[1,height,width,1]。

strides：和卷积类似，是窗口在每一个维度上滑动的步长，一般是[1,stride,stride,1]。

padding：和卷积类似，可以取“VALID”或“SAME”。

name：该池化的名称。

### 2. 最大值池化函数

TensorFlow 函数：tf.nn.max_pool(value,ksize,strides,padding,name=None)，该函数计算的是池化区域的最大值。

在池化时一般选择最大值池化。

### 5.2.3 损失函数

V5-3 损失函数

在第 4 章的线性回归中，直接使用 L2 距离作为损失函数，解决了回归问题；在逻辑回归中，使用 $-\log()$ 作为损失函数，解决了二分类问题。

#### 1. hinge 损失函数

hinge 损失函数源自支持向量机，在支持向量机中，最终的目的是最大化分类间隔，减少错误分类的样本数目。损失函数公式为 $L=\sum\max(0,s_i-s_y+\Delta)$，其中，$s_i=f(x_i,W)$，$\Delta$ 是一个超参数，设置为 1.0 时，在绝大多数情况下都是安全的。

#### 2. square 损失函数

损失函数公式为 $L=\frac{1}{n}\sum(y_i-\hat{y}_i)^2$，大多用在线性回归中。

#### 3. log 损失函数

在使用似然函数最大化时，其形式是进行连乘，但是为了便于处理，一般会加上 log，这样便可以将连乘转换为求和。由于 log 函数是单调递增函数，因此不会改变优化结果。log 类型的损失函数也是一种常见的损失函数，例如，在第 4 章中，使用逻辑回归解决二分类问题时就使用了该损失函数。

#### 4. 交叉熵

在神经网络中解决多分类问题一般需要设计 $n$ 个输出节点，如在 MNIST 数据集中，有 0～9 共 10 个结果，所以需要 10 个输出节点。可以使用一个 $n$ 维的数组作为输出，如图像识别结果为 5，那么数组中下角标为 5 的结果要和其余的不一样，理想的输出结果为[0,0,0,0,0,1,0,0,0,0]。当然，一般不可能有这么理想的结果产生。

如何判断输出的结果与期望结果有多接近呢？交叉熵（Cross Entropy）是常用的方法之一。交叉熵的公式为 $H(p,q)=-\sum p(x)\log q(x)$，$p(x)$ 是分类问题的真实分布概率，$q(x)$ 是分类问题的预测分布概率，也就是说，交叉熵的输入是概率，范围是[0,1]。交叉熵得到的值越小，真实分布概率和预测分布概率越接近，预测的结果就越真实。

由于网络的输出是任意的，如 ReLU 函数的值域为 $[0,+\infty)$，所以在进行交叉熵计算之前还需要将输出结果转换为概率分布。softmax()函数就是一个常用的方法，它的公式为 $\mathrm{softmax}(y)=\frac{\mathrm{e}^{y_i}}{\sum\mathrm{e}^{y_i}}$，该函数所有输出值的和为 1，输入的负数会变成正数，然后外面嵌套 $-\log()$ 函数，就可以得到优化结果。

举一个例子就非常容易理解这个过程了。如果识别 0、1、2 这 3 个值，输出只有 3 个分类，现在有一个真实值为 0 的图像需要进行识别，假如神经网络一的输出结果为[3,0.9,-2]，那么使用 softmax()函数之后约等于[0.886,0.108,0.006]，[0.886,0.108,0.006]经过交叉熵计算后得到的结果约等于 0.12。如果现在有一个新的神经网络二，使用 softmax()函数输出为[0.5,0.3,0.2]，经过交叉熵计算后得到的结果约等于 0.69。由于神经网络一中 softmax()的结果为[0.886,0.108,0.006]，相对于神经网络二中 softmax()的结果[0.5,0.3,0.2]，对于两个结果中下角标为 0 的值，0.886 比 0.5 更接近于 1，所以神经网络一的效果更好。但是在实际运算中，由于难度较大，所以不会直接比较 softmax() 的结果，使用交叉熵的值作为优化的标准。在交叉熵的计算结果中，0.69 是大于 0.12 的，所以根据计算结果可知第一个网络更好。

## 5.3 深度神经网络

深度神经网络（Deep Neural Networks，DNN）可以理解为有很多隐藏层的神经网络。

第 4 章的线性分类方程为 $y=\boldsymbol{W}x+\boldsymbol{b}$。其中，$\boldsymbol{W}$ 是权重矩阵；$\boldsymbol{b}$ 是偏置矩阵；$x$ 是输入，它包含数据集的所有信息，如数据集是图像，输入的是全部像素信息。

具有一层隐藏层的神经网络如图 5-5 所示。

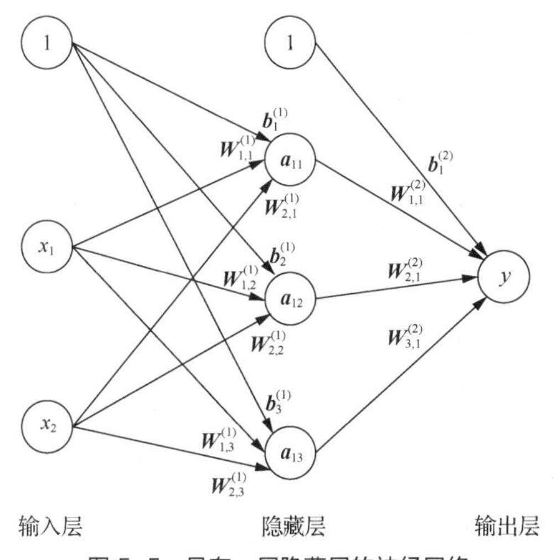


图 5-5 具有一层隐藏层的神经网络

神经网络某个节点的计算公式是 $y=f\left(\boldsymbol{W}_{i,j}^{(n)}x_i+\boldsymbol{b}_j^{(n)}\right)$，$n$ 为网络的第 $n$ 层，$\boldsymbol{W}_{i,j}^{(n)}$ 是权重矩阵，$\boldsymbol{b}_j^{(1)}$ 是第一层的偏置矩阵，$f()$是激活函数，它会作用到每个元素。经过这些激活函数的转换后，由于每个节点不再是线性变换的，所以整个神经网络就成为非线性的了。为了便于理解，此处将矩阵简单地表示为常数，在图 5-5 中，若 $x_1=1$，$x_2=2$，$b_1^{(1)}=-2$，$b_2^{(1)}=0.5$，$b_3^{(1)}=0.1$，$W_{1,1}^{(1)}=0.5$，$W_{2,1}^{(1)}=0.6$，$W_{1,2}^{(1)}=0.8$，$W_{2,2}^{(1)}=0.1$，$W_{1,3}^{(1)}=0.5$，$W_{2,3}^{(1)}=0.2$，$b_1^{(2)}=0.1$，$W_{1,1}^{(2)}=-0.5$，$W_{2,1}^{(2)}=0.1$，$W_{3,1}^{(2)}=0.3$，选取 ReLU 函数作为激活函数，隐藏层节点推导公式为：

$$a_{11}=f\left(W_{1,1}^{(1)}x_1+W_{2,1}^{(1)}x_2+b_1^{(1)}\right)=f(0.5\times1+0.6\times2-2)=f(-0.3)=0 \tag{5.1}$$

$$a_{12}=f\left(W_{1,2}^{(1)}x_1+W_{2,2}^{(1)}x_2+b_2^{(1)}\right)=f(0.8\times1+0.1\times2+0.5)=f(1.5)=1.5 \tag{5.2}$$

$$a_{13}=f\left(W_{1,3}^{(1)}x_1+W_{2,3}^{(1)}x_2+b_3^{(1)}\right)=f(0.5\times1+0.2\times2+0.1)=f(1)=1 \tag{5.3}$$

输出层推导公式为：

$$\begin{aligned}y&=f\left(W_{1,1}^{(2)}a_{11}+W_{2,1}^{(2)}a_{12}+W_{3,1}^{(2)}a_{13}+b_1^{(2)}\right)=f\left((-0.5)\times0+0.1\times1.5+0.3\times1+0.1)\right)\\&=f(0.55)=0.55\end{aligned} \tag{5.4}$$

在该网络中，如果没有非线性这一步，计算 $a_{11}$、$a_{12}$、$a_{13}$ 和 $Y$ 的先后两次矩阵运算将会合并为一次，所以非线性过程是非常重要的。

参数 $\boldsymbol{W}$ 和 $\boldsymbol{b}$ 可以通过梯度下降的方法在反向传播的过程中通过链式求导法则计算得到。

反向传播过程：如果有表达式 $f(x,y,z)=(x+y)\times z$，现在需要求出 $\frac{\partial f}{\partial x}$，先将这个复合函数的表达式分解为 $p=x+y$ 和 $f=p\times z$，根据链式求导法则可知 $\frac{\partial f}{\partial x}=\frac{\partial f}{\partial p}\times\frac{\partial p}{\partial x}$，所以需要分别求出 $\frac{\partial f}{\partial p}$ 和 $\frac{\partial p}{\partial x}$，可以求得 $\frac{\partial f}{\partial p}=z$，$\frac{\partial p}{\partial x}=1$，故得到 $\frac{\partial p}{\partial x}=z$。前向传播与反向传播过程如图 5-6 所示。

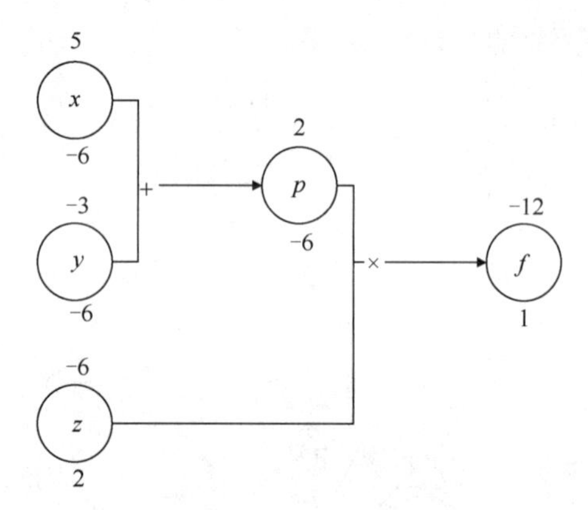


图 5-6　前向传播与反向传播过程

在图 5-6 中，假设 $x=5$，$y=-3$，$z=-6$，每个圆里面是变量名，在圆的上方是前向传播的结果，圆的下方是反向传播的结果，连接线上是运算符。

## 5.4　经典卷积神经网络介绍

卷积神经网络（Convolutional Neural Networks，CNN）是一类深度神经网络，最常用于分析视觉图像。卷积神经网络是深度神经网络的正则化版本。在卷积神经网络中，至少在一个层中使用卷积运算代替矩阵乘法运算。卷积是一种特殊的线性操作。常规的神经网络在处理稍微大一些的图像时，效果并不尽如人意，如输入的图像是 28 像素×28 像素×1，在第一个隐藏层中，每一个单独的全连接神经元有 28×28=784 个权重，但是如果输入的是 100 像素×100 像素×3 的图像，那么一个神经元就有 30000 个权重，而且在一个神经网络中不会只有一个神经元。全连接神经网络的“完全连接”使它们容易过度拟合数据，正则可以向损失函数添加某种形式的权重值测量，使得权重更加低阶，阻止过拟合。

一个简单的卷积神经网络是由各种层按一定顺序排列的。卷积神经网络主要由卷积层（Convolutional Layers）、池化层（Pooling Layers）、全连接层（Fully Connected Layers，FC Layers）构成。将这些层按一定的顺序排列，就可以搭建一个卷积神经网络。

### 5.4.1 LeNet-5 模型及其实现

LeNet-5 模型是由杨立昆（Yann LeCun）教授于 1998 年在论文 *Gradient-Based Learning Applied to Document Recognition* 中提出的，是一种用于手写体字符识别的非常高效的卷积神经网络。网络实现过程如图 5-7 所示。

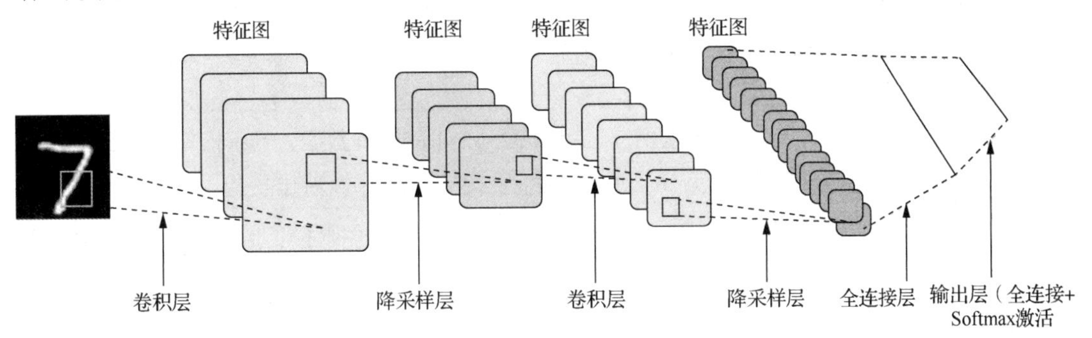


图 5-7　网络实现过程

LeNet-5 是一个 7 层的网络，当然，其名称中的 5 可以理解为整个网络中含可训练参数的层数。在 MNIST 数据集上，LeNet-5 模型可以达到 99.2%的正确率。

卷积层是一个将卷积运算和加法运算组合在一起的隐藏层，在图像识别里提到的卷积是二维卷积，即离散二维滤波器（也称作卷积核）与二维图像做卷积操作，简单地讲是二维滤波器滑动到二维图像上的所有位置，并在每个位置上与该像素点及其领域像素点做内积。卷积运算过程如图 5-8 所示。

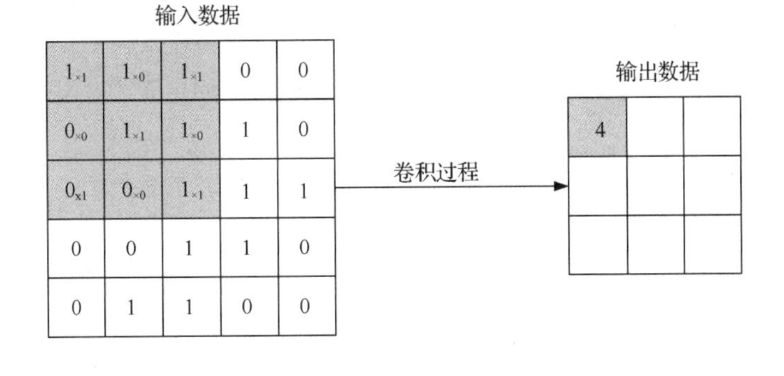


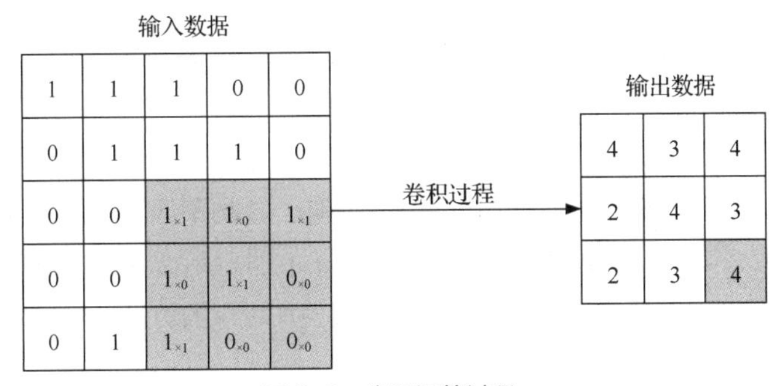


图 5-8　卷积运算过程

在图 5-8 中，实现了 3×3 的卷积核对 5×5 的输入数据的卷积运算。输入数据中，3×3 的灰色区域为卷积核，卷积核的移动步长为 1，即每次卷积核向右或者向下移动一格，在输入数据左上角的 3×3 区域中，计算过程为 1×1+1×0+1×1+0×0+1×1+1×0+0×1+0×0+1×1=4，当卷积核移动时，在输出的 3×3 区域中就会填充一个空格。

**1. LeNet-5 实现的过程**

（1）输入层。输入图像的原始像素，大小为 32×32×1，即长、宽为 32 像素，1 通道（Channels），即 32×32 的灰度照片。

（2）卷积层（第一层）。与输入层相连，接收 32×32×1 的矩阵数据，卷积核（Convolutions）大小为 5×5×6，大小为 5，深度为 6，填充方式为“VALID”，卷积步长为 1，所以根据公式 $\frac{w-k+2\times p}{s}+1$（其中，$w$ 为输入尺寸；$k$ 为卷积核尺寸；$p$ 为填充数量，填充方式为“VALID”时不填充，填充方式为“SAME”时使用全 0 填充；$s$ 为卷积步长），可得这一层的输出尺寸为 $\frac{32+2\times 0-5}{1}+1=28$，深度为 6，本层的输出矩阵大小为 28×28×6。

（3）池化层（第二层）。前接第一个卷积层，接收 28×28×6 的矩阵数据，卷积核大小为 2×2，即长和宽都是 2，步长为 2，填充方式为“SAME”。在原始的 LeNet-5 中，采用的是平均值池化，本层的输出矩阵大小为 14×14×6。

（4）卷积层（第三层）。前接第一个池化层，接收 14×14×6 的矩阵数据，卷积核大小为 5×5，深度为 16，填充方式为“VALID”，步长为 1。本层的输出矩阵大小为 10×10×16。

（5）池化层（第四层）。前接第二个卷积层，接收 10×10×16 的矩阵数据，卷积核大小为 2×2，即长和宽都是 2，步长为 2，填充方式为“SAME”。本层的输出矩阵大小为 5×5×16。

（6）全连接层（第五层）。前接第二个池化层，接收 5×5×16 的矩阵数据，在 LeNet-5 原始论文中称它为卷积层，但是由于卷积核的大小也是 5×5，所以其和全连接层没有区别，本层的输出节点是 120 个。

（7）全连接层（第六层）。前接第一个全连接层，接收 120 个节点输入，本层的输出节点是 84 个。

（8）全连接层，输出层（第七层）。前接第二个全连接层，接收 84 个节点输入，本层的输出节点是 10 个。

**2. 欠拟合**

欠拟合与过拟合一直是机器学习训练过程中的难题，在训练模型的过程中往往要对二者进行权衡，使得模型在训练数据集和测试数据集上也有很好的表现。

欠拟合（Under Fitting）是由于特征维度过少，模型过于简单，使神经网络没办法完全满足数据集的特征提取要求，体现在训练以及预测时表现不佳、成功率低。欠拟合解决方法介绍如下。

（1）将模型复杂化。可以将原算法复杂化，例如，在神经网络中增加隐藏层和隐藏单元，在回归模型中增加更多的高次项。可以更换算法，使用更加复杂的算法代替现有算法，例如，使用神经网络代替线性回归。

（2）增加更多特征，使输入数据的特征更明显。

（3）调整超参数。包括神经网络中的学习率、学习衰减率、神经网络隐藏层数、隐藏层的单元数等，以及其他算法中的正则化参数等。

（4）减弱正则化约束或者去掉正则化约束。

**3. 过拟合**

过拟合是指模型在训练集上表现很好，但在验证和测试阶段效果比较差，即模型的泛化能力很差。过拟合的解决方法如下。

（1）增加训练数据量。发生过拟合最常见的原因就是数据量太少或者模型太复杂，增加数据量可以缓解该问题，如在图像识别时，增加训练数据集的图像数量可以降低过拟合的风险。如果数据获取比较困难，可以将现有数据集上的图像进行旋转、拉伸等操作，从而实现数据集扩展。

（2）减少数据特征，去掉数据中非共性的特征。

（3）调整超参数。

（4）使用正则化约束或者增强正则化约束。

（5）降低模型的复杂度。

（6）使用 Dropout。Dropout 只适用于神经网络，按照一定的比例失活隐藏层的神经元，使得神经网络更简单。

（7）Early Stopping，即提前结束训练。在训练模型的过程中，如果训练误差一直在降低，但是验证误差却不再降低甚至上升，这时候便可以结束模型训练。

**4. 卷积神经网络的 TensorFlow 实现**

通过 TensorFlow 框架实现一个类似于 LeNet-5 的神经网络，来解决 MNIST 数据集上的数字识别问题。

本网络与原 LeNet-5 的区别是：卷积核的个数不同；激活函数不同，此处用的是 ReLU；输出层选择 softmax()函数。二者的整体过程是一致的。

在 TensorFlow 目录下新建目录 MNIST_data，将 MNIST 数据集的 4 个压缩包放在 MNIST_data 目录下，虽然程序会自己下载该数据集，但是有时会出现下载不下来的情况。

**【例 5-1】** 在 TensorFlow 目录下新建文件，命名为 LeNet-5.py，利用 TensorFlow 解决类似于 LeNet-5 在 MNIST 数据集上进行数字识别的问题，在 PyCharm 中编写以下代码。

```
# -*- coding: utf-8 -*-
# 载入 MINIST 数据需要的库
from tensorflow.examples.tutorials.mnist import input_data
# 保存模型需要的库
from tensorflow.python.framework.graph_util import convert_variables_to_constants
from tensorflow.python.framework import graph_util
# 导入其他库
import tensorflow as tf
import time
import os
os.environ['TF_CPP_MIN_LOG_LEVEL'] = '2'
# 获取 MINIST 数据
```

```
mnist = input_data.read_data_sets("./MNIST_data", one_hot=True)
# 占位符
# x 是特征值，也就是像素
# 使用一个 28×28=784 列的数据来表示一个图像的构成
# 每一个点都是这个图像的一个特征
# 因为每一个点都会对图像的外观和表达的含义有影响，只是影响的大小不同而已
x = tf.placeholder("float", shape=[None, 784], name="Mul")  # 输入 28×28=784
# y_是真实数据[0,0,0,0,1,0,0,0,0]，为 4
y_ = tf.placeholder("float", shape=[None, 10], name="y_")  # 输出
# 变量 784×10 的矩阵
# W 表示每一个特征值（像素点）影响结果的权重
# 这个值很重要，因为深度学习的过程就是发现特征
# 经过一系列训练，得出每一个特征值对结果影响的权重
# 训练就是为了得到这个最佳权重值
W = tf.Variable(tf.zeros([784, 10]), name='x')
b = tf.Variable(tf.zeros([10]), 'y_')
# 权重
def weight_variable(shape):
    # 生成的值服从具有指定平均值和标准偏差的正态分布
    # 如果生成的值大于平均值的两个标准偏差的值，则丢弃重新选择
    initial = tf.truncated_normal(shape, stddev=0.1)  # 标准差为 0.1
    return tf.Variable(initial)
# 偏差
def bias_variable(shape):
    initial = tf.constant(0.1, shape=shape)
    return tf.Variable(initial)
# 卷积
def conv2d(x, W):
    # 参数 x 指需要做卷积的输入图像，要求它是一个 Tensor
    # 具有[batch, in_height, in_width, in_channels]这样的 shape
    # 具体含义是[训练时一个 batch 的图像数量，图像高度，图像宽度，图像通道数]
    # 注意这是一个 4 维的 Tensor，batch 和 in_channels 在卷积层中通常设为 1
    # 参数 W 相当于 CNN 中的卷积核，要求它是一个 Tensor
    # 具有[filter_height, filter_width, in_channels, out_channels]这样的 shape
    # 具体含义是[卷积核的高度，卷积核的宽度，图像通道数，卷积核个数]
    # 注意，第三维 in_channels 就是参数 x 的第四维
    return tf.nn.conv2d(x, W, strides=[1, 1, 1, 1], padding='VALID')
    # 参数 strides：卷积时在图像每一维的步长，这是一个一维的向量，长度为 4
    # 参数 padding：string 类型的量，只能是“VALID”，不补零
# 最大池化
def max_pool_2x2(x):
    # x：input
    # ksize：filter，滤波器大小为 2×2
    # strides：步长，2×2，表示 filter 窗口每次水平移动两格，每次垂直移动两格
    # padding：填充方式，补零
```

```
    return tf.nn.max_pool(x, ksize=[1, 2, 2, 1],
                              strides=[1, 2, 2, 1], padding='SAME')
# 第一层卷积
# 权重+偏置+激活+池化
# patch 为 5×5; in_size 为 1，即图像的厚度，如果是彩色的，则为 3; 32 个卷积核（滤波器）
W_conv1 = weight_variable([5, 5, 1, 32])
b_conv1 = bias_variable([32])
# 对数据进行重新排列，形成图像
x_image = tf.reshape(x, [-1, 28, 28, 1])
# print("x",x)
# print("x_image",x_image)
# ReLU 操作，输出大小为 28×28×32
h_conv1 = tf.nn.relu(conv2d(x_image, W_conv1) + b_conv1)
# Pooling 操作，输出大小为 14×14×32
h_pool1 = max_pool_2x2(h_conv1)
# 第二层卷积
# 权重+偏置+激活+池化
# patch 为 5×5; in_size 为 32，即图像的厚度；out_size 是 64，即输出的大小
W_conv2 = weight_variable([5, 5, 32, 64])
b_conv2 = bias_variable([64])
# ReLU 操作，输出大小为 14×14×64
h_conv2 = tf.nn.relu(conv2d(h_pool1, W_conv2) + b_conv2)
# Pooling 操作，输出大小为 7×7×64
h_pool2 = max_pool_2x2(h_conv2)
# 全连接一
W_fc1 = weight_variable([7 * 7 * 64, 1024])
b_fc1 = bias_variable([1024])
# 全连接二
W_fc2 = weight_variable([1024, 10])
b_fc2 = bias_variable([10])
# 输入数据变换
# 变换为 m×n，列 n 为 7×7×64
h_pool2_flat = tf.reshape(h_pool2, [-1, 7 * 7 * 64])
# 进行全连接操作
# tf.nn.relu()函数可将大于 0 的数保持不变，将小于 0 的数置为 0
h_fc1 = tf.nn.relu(tf.matmul(h_pool2_flat, W_fc1) + b_fc1)
# Dropout 可防止过拟合，它一般用在全连接层，训练用，测试不用
# Dropout 就是在不同的训练过程中随机扔掉一部分神经元
# Dropout 可以让某个神经元的激活值以一定的概率 p 停止工作
# 参数 keep_prob: 设置神经元被选中的概率，在初始化时 keep_prob 是一个占位符
# TensorFlow 在运行时设置 keep_prob 具体的值，如 keep_prob: 0.5
keep_prob = tf.placeholder("float", name='rob')
h_fc1_drop = tf.nn.dropout(h_fc1, keep_prob)
# 用于训练的 softmax()函数将所有数据归一化到 0~1 之间，大的数据特征更明显
y_conv = tf.nn.softmax(tf.matmul(h_fc1_drop, W_fc2) + b_fc2, name='res')
# 训练完成后，进行测试用的 softmax()函数
y_conv2 = tf.nn.softmax(tf.matmul(h_fc1, W_fc2) + b_fc2, name="final_result")
```

```
    # 交叉熵的计算，返回包含了损失值/误差的 Tensor
    # 熵是衡量事物混乱程度的一个值
    cross_entropy = -tf.reduce_sum(y_ × tf.log(y_conv))
    # 优化器，负责最小化交叉熵
    train_step = tf.train.AdamOptimizer(1e-4).minimize(cross_entropy)
    # tf.argmax()：取出该数组最大值的下角标
    correct_prediction = tf.equal(tf.argmax(y_conv, 1), tf.argmax(y_, 1))
    # 计算准确率
    accuracy = tf.reduce_mean(tf.cast(correct_prediction, "float"))
    # 创建会话
    with tf.Session() as sess:
        time_begin = time.time()
        # 初始化所有变量
        sess.run(tf.global_variables_initializer())
        # print(sess.run(W_conv1))
        # 保存输入/输出，可以在之后用
        tf.add_to_collection('res', y_conv)
        tf.add_to_collection('output', y_conv2)
        tf.add_to_collection('x', x)
        # 训练开始
        for i in range(10000):
            # 取出 MNIST 数据集中的 50 个数据
            batch = mnist.train.next_batch(50)
            # run()可以看作输入相关值到函数中的占位符，然后计算出结果
            # 这里将 batch[0]给 x，将 batch[1]给 y_
            # 执行训练过程并传入真实数据
            train_step.run(feed_dict={x: batch[0], y_: batch[1], keep_prob: 0.5})
            if i % 100 == 0:
                train_accuracy = accuracy.eval(feed_dict={x: batch[0],\
                                                                 y_: batch[1],
keep_prob: 1.0})
                print("step %d, training accuracy %g" % (i, train_accuracy))
        time_elapsed = time.time() - time_begin
        print("训练所用时间：%d 秒" % time_elapsed)
        # 用 saver 保存模型
        saver = tf.train.Saver()
        saver.save(sess, "model_data/model")
```

执行该程序，如果计算机安装的是 CPU 版本的 TensorFlow，建议将训练步数调少，否则会训练非常久。训练完成后的准确率如图 5-9 所示。

```
step 9500, training accuracy 1
step 9600, training accuracy 1
step 9700, training accuracy 1
step 9800, training accuracy 1
step 9900, training accuracy 1
训练所用时间：90秒
```

图 5-9　训练完成后的准确率

生成的模型在 TensorFlow 目录下的 model_data 目录中，模型文件如图 5-10 所示。

| | | | |
|---|---|---|---|
| checkpoint | 2019/8/19 17:51 | 文件 | 1 KB |
| model.data-00000-of-00001 | 2019/8/19 17:51 | DATA-00000-OF... | 38,406 KB |
| model.index | 2019/8/19 17:51 | INDEX 文件 | 1 KB |
| model.meta | 2019/8/19 17:51 | META 文件 | 65 KB |

图 5-10　模型文件

LeNet-5 模型的结构比较清晰，即输入层→卷积层（池化层）→全连接层→输出层，但是有些网络中是没有池化层的。除了 LeNet-5 模型外，2012 年的 AlexNet 模型、2014 年的 VGGNet 模型都是这样的结构，卷积层的卷积核大小一般不会超过 5，且大多是奇数，卷积核的深度一般都是递增的，池化层的核大小一般是 2 或者 3。

### 5.4.2 AlexNet 介绍

AlexNet 模型是 2012 年大规模视觉识别挑战赛中的冠军模型，AlexNet 将 LeNet 的思想发扬光大，把 CNN 的基本原理应用到了更深、更宽的网络结构中。

另外，AlexNet 模型首次在 CNN 中采取了 ReLU 激活函数、Dropout 防止过拟合、GPU 加速训练等技术。

### 5.4.3 VGGNet 介绍

牛津大学计算机视觉组（Visual Geometry Group，VGG）是牛津大学在 2014 年大规模视觉识别挑战赛中提出的模型，该模型相对于以往模型，进一步加宽和加深了网络结构，它的核心是 5 组卷积操作，每两组之间做 Max-Pooling 空间降维。同一组内采用多次连续的 3×3 卷积，卷积核的数目由较浅组的 64 增多到最深组的 512，同一组内的卷积核数目是一样的。卷积之后接两层全连接层，之后是分类层。每组内的卷积层数不同，有 11、13、16、19 层这几种模型。16 层的 VGGNet 网络结构如图 5-11 所示。

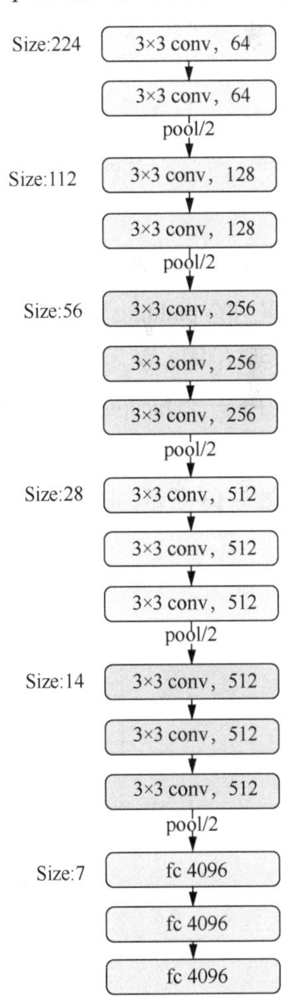


图 5-11　16 层的 VGGNet 网络结构

### 5.4.4 Inception 模型及其实现

Inception 模型的出现改变了 CNN 的发展趋势。在 Inception 模型出现之前，CNN 经历了 LeNet-5、AlexNet、VGGNet 等模型，但是随着网络的发展，为了追求更好的性能，网络越来越深，参数越来越多，且全连接层的参数量占据了很大的比重，如 AlexNet 模型参数有 6000 万个左右，最后的全连接层就有 3800 万个左右的参数，占了总参数数量的一半多。第一次提出 Inception 模型的 GoogLeNet 网络的最后并没有全连接层，而是采用了全局平均值池化，所以参数的数量大大减少。

### 1. Inception 模型介绍

Inception 模型的思想和之前的卷积思想不同，LeNet-5 模型是将不同的卷积层通过串联连接起来，但是 Inception 模型是通过串联+并联的方式将卷积层连接起来的。Inception 模型是对输入图像并行地执行多个卷积运算或池化操作，并将所有输出结果拼接为一个非常深的特征图，且不同大小卷积核的卷积运算可以得到图像中的不同信息，处理获取到的图像中的不同信息可以得到更好的图像特征。

Inception 模型的主要成员包括 Inception v1、Inception v2、Inception v3、Inception v4 和 Inception-ResNet。

图 5-12 给出了 Inception 模块的一个单元结构示意图。

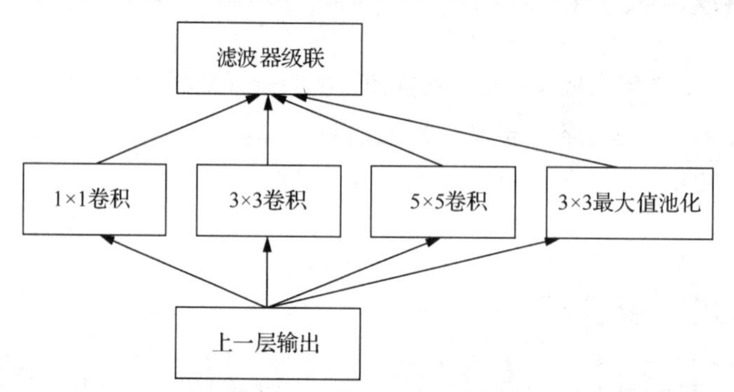


图 5-12　Inception 模块的一个单元结构示意图

对于输入矩阵，分别经过 1×1 卷积核、3×3 卷积核、5×5 卷积核以及 3×3 的最大值池化后，由于采用的 padding 方式为"SAME"，也就是使用全 0 填充且步长为 1，所以输出矩阵的长宽与输入矩阵相同，然后将 4 个输出矩阵纵向拼接在一起，以得到一个更深的矩阵。

由于一个 Inception 模块要进行多次运算，所以需要耗费大量的计算资源。为了实现降维，降低运算成本，在 3×3、5×5 的卷积运算前，在最大值池化的运算后，加入 1×1 的卷积核。

图 5-13 所示为降维的 Inception 模块的一个单元结构示意图。

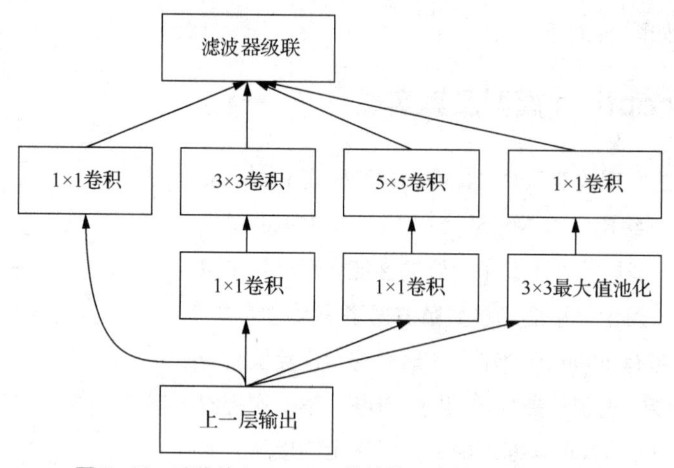


图 5-13　降维的 Inception 模块的一个单元结构示意图

例如，输入矩阵大小为 50×50×64，经过 128 个 5×5、padding 方式为“SAME”、步长为 1 的卷积后，根据公式 $\frac{w-k+2\times p}{s}+1$，输出矩阵大小是 50×50×128，运算的参数量为 5×5×64×128=204800。如果在之前加入 32 个 1×1 的卷积，再通过 128 个 5×5 的卷积，那么运算的参数量为 1×1×64×32+5×5×32×128=104448，参数量大概是前一种方式的一半，而且这个差距还会随着深度的加深变大。

### 2. GoogLeNet 实现的过程

这里以 Inception 模块构建的 GoogLeNet（Inception v1）为例，描述 GoogLeNet 的实现过程。

（1）输入层

原始输入图像大小为 224×224×3，为三通道 RGB 图像。

（2）卷积层

接收 224×224×3 的矩阵数据，与 64 个大小为 7×7 的卷积核（步长为 2，padding 为“SAME”）做运算，输出为 112×112×64，经过 3×3 的最大值池化（步长为 2），输出矩阵为 56×56×64。

（3）卷积层

接收 56×56×64 的矩阵数据，与 192 个大小为 3×3 的卷积核（步长为 1，padding 为“SAME”）做运算，输出为 56×56×192，经过 3×3 的最大值池化（步长为 2），输出矩阵为 28×28×192。

（4）Inception 3a 层

接收 28×28×192 的矩阵数据，共 4 个分支，采用不同尺度的卷积核运算，4 个分支步长都为 1。

第一个分支：与 64 个大小为 1×1 的卷积核做运算，输出矩阵为 28×28×64。

第二个分支：与 96 个大小为 1×1 的卷积核做运算，输出为 28×28×96，再与 128 个大小为 3×3 的卷积核（padding 为“SAME”）做运算，输出矩阵为 28×28×128。

第三个分支：与 16 个大小为 1×1 的卷积核做运算，输出为 28×28×16，再与 32 个大小为 5×5 的卷积核（padding 为“SAME”）做运算，输出矩阵为 28×28×32。

第四个分支：3×3 的最大值池化（padding 为“SAME”），输出为 28×28×192，32 个大小为 1×1 的卷积核，输出矩阵为 28×28×32。

将 4 个分支进行纵向拼接，层数为 64+128+32+32=256，所以输出矩阵为 28×28×256。

（5）之后的层

以后的层数都以此类推，GoogLeNet 模型有 9 个堆叠的 Inception 模块，共有 22 层（如果包括池化层，则是 27 层）。由于 GoogLeNet 模型层数比较多，会造成梯度消失的问题，所以，为了阻止梯度消失，在网络中加入了两个辅助分类器。辅助分类器对网络中的两个 Inception 模块进行了 softmax 操作，得到的这两个 Inception 模块的损失，称为辅助损失。总的损失等于最后得到的损失与辅助损失之和，辅助损失仅在训练时使用，在预测过程中不使用。

除了 GoogLeNet 实现的 Inception v1 外，还有其他 Inception 版本，每一个 Inception 版本的发布都带来了准确率的提升。

# 5.5 循环神经网络

循环神经网络（Recurrent Neural Network，RNN）是一类用于处理序列数据的神经网络。

## 5.5.1 循环神经网络简介

时间序列数据是序列数据中最常见的一种。时间序列数据（Time Series Data）是在不同时间上收集到的数据，用于描述现象随时间变化的情况。这类数据反映了某一事物、现象等随时间的变化状态或程度。

在全连接的神经网络以及卷积神经网络中有输入层、隐藏层、输出层，层与层之间通过学习到的权重进行连接，在同一层中，节点与节点之间是不连接的。如果现在需要解决一个问题，如“打雷了，可能要__了”，在横线上填一个词，那么这个词很大概率是“下雨”，但是如果孤立地理解这句话中每个词的意思，则神经网络并不能知道要填入什么，所以需要将整句话连接成整个序列进行理解。循环神经网络可以找到当前序列的输出与之前序列的关系，也就是说，循环神经网络会记录之前的信息。在隐藏层中，每层内的节点都是有连接的，隐藏层的输入不仅包括输入层的输出，还包括上一时刻隐藏层的输入。

### 1. RNN 基本结构

先了解一个节点前后的运算，一个节点的输入为 $x$，经过运算得到输出 $y$，节点网络如图 5-14 所示。

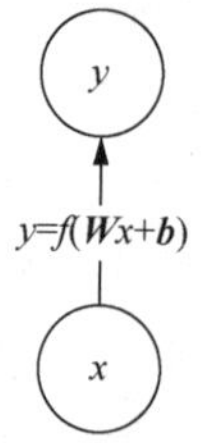

如果输入的数据 $x$ 是有序列的，如翻译问题，则每一个输入的 $x$ 表示一个汉字，在一个完整的句子中就有很多 $x$。

在 RNN 中，引入了隐状态 $h$（hidden state），隐状态可以对序列数据进行特征提取，对输入进行运算，其公式为：$h = f(\boldsymbol{U}x + \boldsymbol{W}h_{\text{pre}} + \boldsymbol{b})$，其中，$\boldsymbol{U}$ 是从输入层到隐藏层的权重矩阵。

图 5-14 节点网络

可以得到输入经过隐状态后的输出值，如图 5-15 所示。

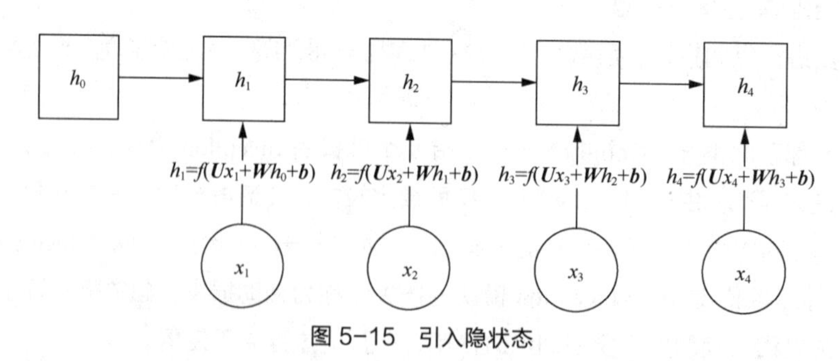


图 5-15 引入隐状态

经过隐状态后，采用 softmax()函数通过 $y = \boldsymbol{W}\_ \times h + \boldsymbol{b}\_$ 得到输出 $y$，一个完整的 RNN 结构可以表示成图 5-16 所示的形式。

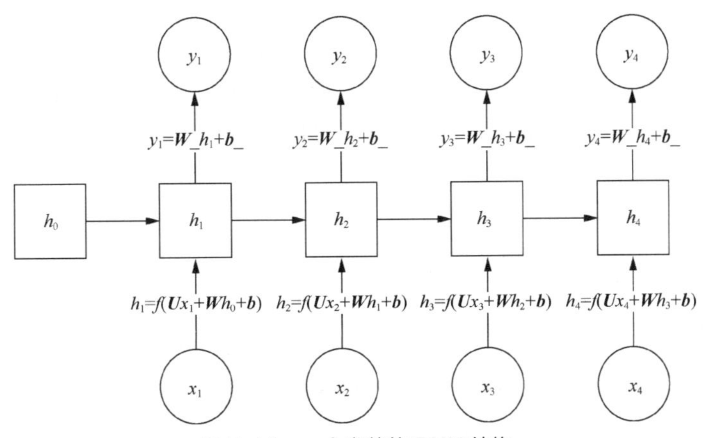

图 5-16　一个完整的 RNN 结构

从 RNN 基本结构可以看出，RNN 的输入和输出是等长的。图 5-16 中有 4 个序列，但实际上序列数是不定的，假设有不定个序列，可以组成 RNN 不展开表达样式，如图 5-17 所示，其中 *A* 为某特殊序列。

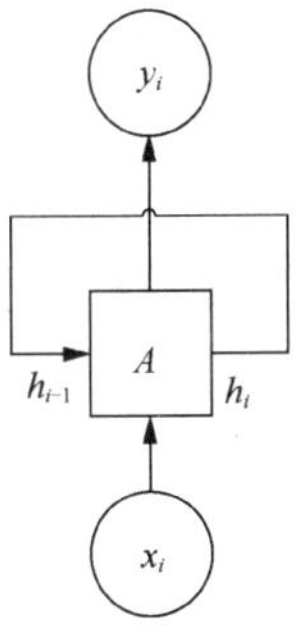

图 5-17　RNN 不展开表达样式

### 2. RNN 结构分析

RNN 常用的结构有 3 种，分别是 Vector-to-Sequence 结构、Sequence-to-Vector 结构、Encoder-Decoder 结构。

（1）Vector-to-Sequence 结构

假设一个问题的输入是单独的值，输出是一个序列，则可以建立 Vector-to-Sequence 结构模型，将输入放到某一个序列进行计算（如图 5-18 所示），也可以将输入放到全部序列中进行计算（如图 5-19 所示）。

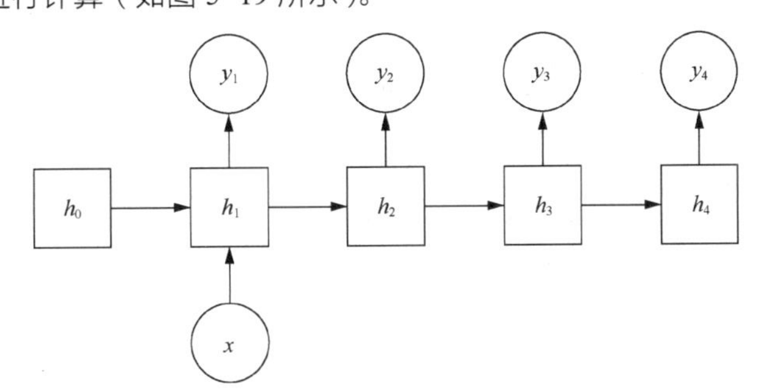

图 5-18　将输入放到某一个序列进行计算

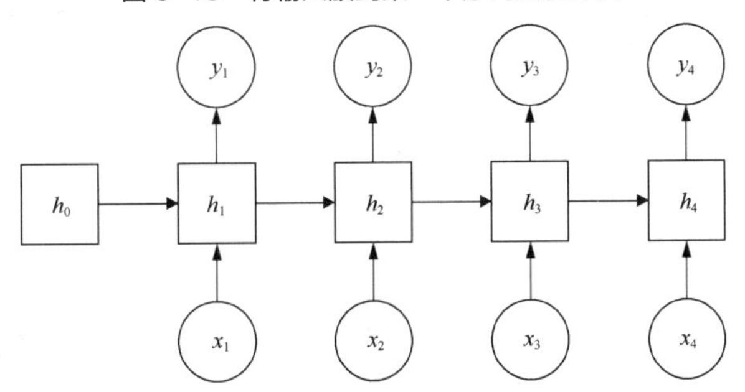

图 5-19　将输入放到全部序列中进行计算

（2）Sequence-to-Vector 结构

假设一个问题的输入是一个序列，输出是一个单独的值，一般会在最后一个序列上进行输出变换，可以建立 Sequence-to-Vector 结构，如图 5-20 所示。

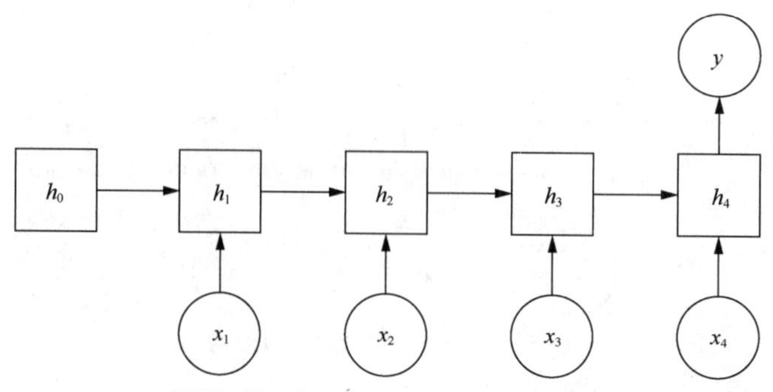


图 5-20　Sequence-to-Vector 结构

（3）Encoder-Decoder 结构

有时也会将 Encoder-Decoder 结构称为 Sequence-to-Sequence 结构，该结构的具体过程就是编码及解码。

首先将输入的数据编码成一个上下文向量 **c**，这个过程称为 Encoder，得到 **c** 后，用另一个 RNN 网络进行解码，这个过程称为 Decoder。**c** 作为新的 RNN 的 $h_0$ 时，结构如图 5-21 所示；**c** 作为新的输入时，结构如图 5-22 所示。

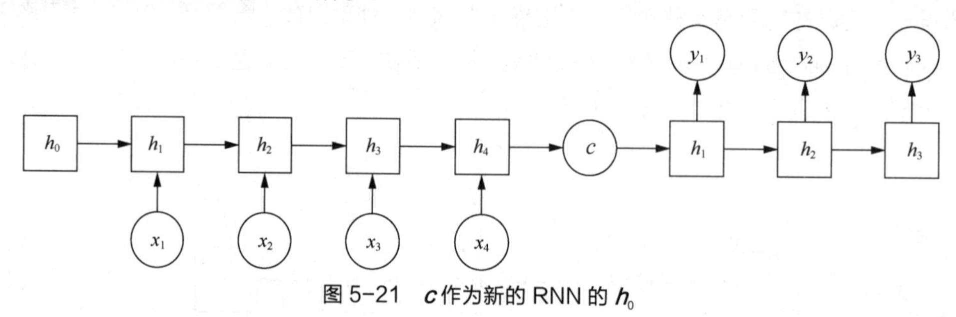


图 5-21　**c** 作为新的 RNN 的 $h_0$

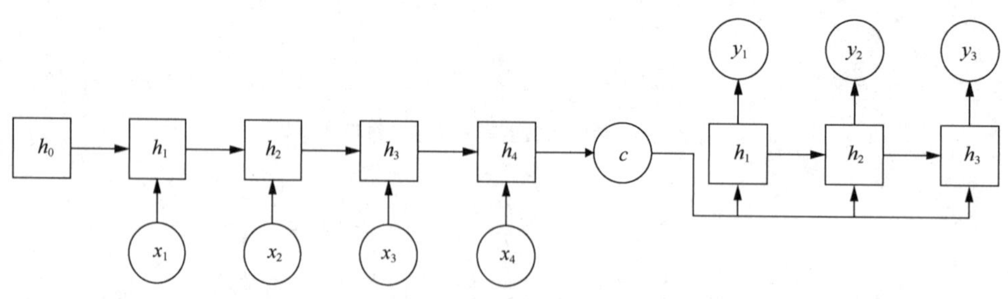


图 5-22　**c** 作为新的输入

**3. 长短期记忆网络结构**

RNN 可以做到在时间序列上记忆，但是对于时间序列上较远的点，记起来比较困难，因为两个节点距离较远时，会涉及多次的雅可比矩阵相乘，导致梯度消失或者梯度膨胀，长短期记忆网络（Long Short-Term Memory，LSTM）结构可以很好地解决这个问题。

在标准的 RNN 结构中，会重复一些简单的结构，如 tanh 层，简化后的 RNN 标准模型如图 5-23 所示。

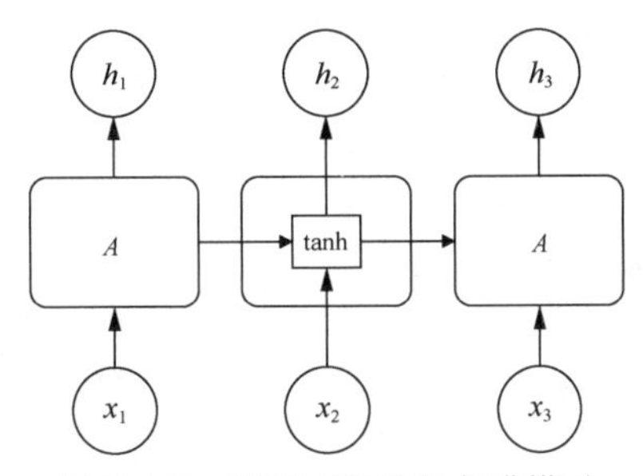

图 5-23　简化后的 RNN 标准模型

虽然 LSTM 与 RNN 的大体结构相同，但是 LSTM 在重复模块中拥有一个不同的结构，LSTM 结构如图 5-24 所示。

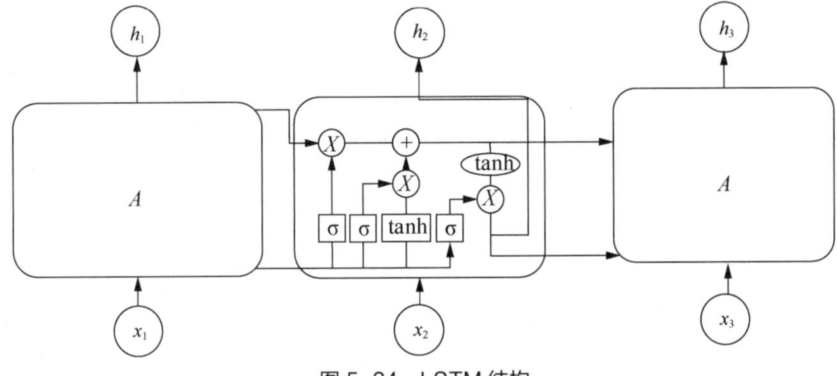

图 5-24　LSTM 结构

重复模块中的每一条线都传输一个向量，重复模块中的方框代表学习到的神经网络层，重复模块中的圆圈代表 pointwise 的操作，如相加和相乘等操作。

LSTM 靠门结构有选择性地处理信息，每一个门包含一个 sigmoid 神经网络层和一个 pointwise 乘法操作。LSTM 共拥有 3 个门，分别是遗忘门、输入门和输出门，用来保护和控制状态。遗忘门将状态中的信息选择性地遗忘，输入门将新的信息选择性地记录下来，输出门确定输出什么值。

## 5.5.2　循环神经网络实现

使用 TensorFlow，LSTM 能够很容易地实现。

【例 5-2】 在 TensorFlow 目录下新建文件，命名为 LSTM.py，利用 TensorFlow 解决类似于 LSTM 在 MNIST 数据集上进行数字识别的问题，在 PyCharm 中编写以下代码。

```
import tensorflow as tf
from tensorflow.contrib import rnn
import os
os.environ['TF_CPP_MIN_LOG_LEVEL'] = '2'
# 导入 MNIST 数据集
```

```
from tensorflow.examples.tutorials.mnist import input_data
mnist = input_data.read_data_sets("./MNIST_data/", one_hot=True)

# 设置全局变量
learning_rate = 0.001
training_steps = 10000
batch_size = 128
display_step = 200
num_input = 28 # 输入向量的维度
timesteps = 28 # 循环层长度
num_hidden = 128 # 隐藏层的特征数
num_classes = 10 # 0~9

# tf Graph 输入
X = tf.placeholder("float", [None, timesteps, num_input])
Y = tf.placeholder("float", [None, num_classes])

# 定义权重和偏置
weights = {
    'out': tf.Variable(tf.random_normal([num_hidden, num_classes]))
}
biases = {
    'out': tf.Variable(tf.random_normal([num_classes]))
}
def RNN(x, weights, biases):
    x = tf.unstack(x, timesteps, 1)
    # 初始的biases=1，不希望遗忘任何信息
    lstm_cell = rnn.BasicLSTMCell(num_hidden, forget_bias=1.0)
    outputs, states = rnn.static_rnn(lstm_cell, x, dtype=tf.float32)
    # 选择最后一个output与输出的全连接weights相乘，再加上biases
    return tf.matmul(outputs[-1], weights['out']) + biases['out']
logits = RNN(X, weights, biases)
prediction = tf.nn.softmax(logits)
# 定义损失和优化
loss_op = tf.reduce_mean(tf.nn.softmax_cross_entropy_with_logits(logits=logits,
labels=Y))
optimizer = tf.train.GradientDescentOptimizer(learning_rate=learning_rate)
train_op = optimizer.minimize(loss_op)
correct_pred = tf.equal(tf.argmax(prediction, 1), tf.argmax(Y, 1))
accuracy = tf.reduce_mean(tf.cast(correct_pred, tf.float32))
init = tf.global_variables_initializer()

with tf.Session() as sess:
    sess.run(init)
    for step in range(1, training_steps+1):
        # 随机抽出这一次迭代训练时用的数据
        batch_x, batch_y = mnist.train.next_batch(batch_size)
        # 对数据进行处理，使得其符合输入
        batch_x = batch_x.reshape((batch_size, timesteps, num_input))
        # 迭代
```

```
            sess.run(train_op, feed_dict={X: batch_x, Y: batch_y})
            if step % display_step == 0 or step == 1:
                # 计算损失
                loss, acc = sess.run([loss_op, accuracy], feed_dict={X: batch_x,
                                                                     Y: batch_y})
                print("Step " + str(step) + ", Minibatch Loss= " + \
                      "{:.4f}".format(loss) + ", Training Accuracy= " + \
                      "{:.3f}".format(acc))
        print("优化完成!")
        # 计算 128 个测试的准确率
        test_len = 128
        test_data = mnist.test.images[:test_len].reshape((-1, timesteps, num_input))
        test_label = mnist.test.labels[:test_len]
        print("测试准确率:", sess.run(accuracy, feed_dict={X: test_data, Y: test_
label}))
```

通过这段代码，读者可以很快了解 LSTM 实现的过程。循环神经网络还包括双向循环神经网络以及深层循环神经网络，本书对其不做过多介绍。

## 5.6 优化器及优化方法

机器学习训练过程的本质就是在最小化损失，而在定义了损失函数后，优化器就派上了用场。

V5-4 优化器及优化方法

### 5.6.1 优化方法

4.1.4 小节将梯度下降法类比为下山，这里用一个具体的实例介绍梯度下降法是如何工作的。

假如有一个实例，它的输入为 $x$，需要使用梯度下降法来优化，这个实例的损失函数为 $J=\theta^2$，初始值为 $\theta_0$。对于该函数，需要找到 $J$ 的最小值。要找到 $J$ 的最小值，首先需要确定优化方向，也就是梯度的方向，每次优化的幅度就是学习率 $\alpha$，那么更新公式为 $\theta_{n+1}=\theta_n-\alpha\nabla J(\theta_n)$。对于该损失函数，$\nabla J(\theta)=2\theta$，初始化的时候，设置 $\theta_0=1$，学习率为 0.2，那么根据公式进行计算后，5 次迭代结果如表 5-3 所示。

表 5-3 5 次迭代结果

| 迭代次数 | 参数值 | 更新后的参数值 |
|---|---|---|
| 1 | 1 | 1-2×1×0.2=0.6 |
| 2 | 0.6 | 0.6-2×0.6×0.2=0.36 |
| 3 | 0.36 | 0.36-2×0.36×0.2=0.216 |
| 4 | 0.216 | 0.216-2×0.216×0.2=0.1296 |
| 5 | 0.1296 | 0.1296-2×0.1296×0.2=0.07776 |

经过 5 次优化后，所得的结果已经比较小了。但是梯度下降法有一些问题：首先，如果损失函数不是一个凸函数，梯度下降并不一定能给出全局最优解，可能仅仅是局部最优解；其次，对

全部数据的损失函数进行梯度下降是非常耗费时间的。一般为了加快速度，会选择随机梯度下降（Stochastic Gradient Descent），随机梯度下降不是对所有训练数据集的损失函数进行训练，而是训练某一个数据的损失函数，但是这一个数据损失函数的下降并不能很好地代表整体下降，所以要采用一个办法，就是引入一个批次（batch）训练，每次取训练数据集的一部分构造损失函数进行梯度下降，进而优化损失函数。

### 5.6.2 学习率设置

从 5.6.1 小节可以了解到学习率在梯度下降时的作用，学习率决定了每次参数更新的幅度。学习率太大，最优点的位置会在极值点左右摆动，导致找不到最优解；学习率太小，找最优解的过程又太漫长，所以设置一个合适的学习率至关重要。

一般在训练过程中，学习率并不是一直不变的，而是随着训练的过程而逐渐减小的。例如，需要根据全局的学习步数，通过指数衰减实现学习率的减小。在本书中，使用卷积神经网络进行手写数字识别时使用的 tf.train.AdamOptimizer()函数，就是利用梯度的一阶矩估计和二阶矩估计动态调整每个参数的学习率。

## 5.7 小结

本章介绍了 MNIST 数据集。该数据集是一个含有手写数字的大型数据库，包含 0～9 共 10 个数字。由于该数据集具有图像小、单通道、种类少等特点，所以通常用于入门神经网络的学习。

本章从数据集开始，引入了神经网络的结构以及实现。神经网络的种类很多，本章详细介绍了卷积神经网络和循环神经网络。

在卷积神经网络中，传统卷积神经网络包括 LeNet-5、AlexNet、VGGNet 等模型，Inception 模型主要包括 Inception v1、Inception v2、Inception v3、Inception v4 和 Inception-ResNet。它们虽然都以卷积运算为主，但是方向和思想不同。

在循环神经网络中引入了记忆功能，实现了层内节点与节点的连接。一般来说，循环神经网络在自然语言处理（Natural Language Processing，NLP）中有着广泛的应用。

## 5.8 练习题

1. 分析 MNIST 数据集，了解其是如何保存图像的。
2. 在使用类 LeNet-5 模型实现手写数字识别时生成了模型，调用该模型，完成图像预测。

# 第6章 TensorFlow高级框架

在搭建一个神经网络时，除了直接调用 TensorFlow 框架外，还可以使用更高级的 API（元框架，Meta Framework），如 Keras、TFLearn 等，这些更高级的 API 将方法进行了更多的封装。对于开发者来说，使用这些框架比直接使用 TensorFlow 搭建网络更简单。

**重点知识：**

| ① TFLearn | ② Keras |
| --- | --- |

## 6.1 TFLearn

### 1. TFLearn 介绍

TFLearn 是一个基于 TensorFlow 构建的模块化的、透明的深度学习库，它可以更快、更方便地搭建一个深度的网络。

5.4 节介绍了如何使用 TensorFlow 搭建一个类似于 LeNet-5 模型的两层卷积神经网络，以完成手写数字识别，本节使用 TFLearn 搭建一个类似的网络，完成相同的功能。

TFLearn 官方网站上描述其特点如下。

（1）可以通过高度模块化的内置神经网络层、优化器等进行快速模型设计，并可以实现正则化操作。

（2）可以训练任何 TensorFlow 的 Graph，支持多个输入、输出和优化器。

（3）图形可视化，图形中包含权重、激活等详细信息。

（4）可以在 CPU、GPU 等多个设备上部署。

### 2. TFLearn 安装

在交互界面（联网状态）完成 TFLearn 的安装。

```
pip install tflearn==0.3.2
```

进入 Python 环境，输入“import tflearn”查看是否安装成功。

### 3. TFLearn 例程

在 Python 目录下新建 MetaFramework 目录，在 MetaFramework 下新建 TFLearn 目录，并将

MNIST 数据集放到 TFLearn 目录下的 mnist 目录下。

**【例 6-1】** 在 TFLearn 目录下新建 CNN_MNIST.py，在 PyCharm 中编写代码。

使用 TFLearn 搭建一个两层的卷积神经网络，数据集是 MNIST 手写数字的数据集，TFLearn 将卷积、池化、正则化等操作都封装成了类，所以需要先导入这些类。

```
from __future__ import division, print_function, absolute_import
import tflearn
from tflearn.layers.core import input_data, dropout, fully_connected
from tflearn.layers.conv import conv_2d, max_pool_2d
from tflearn.layers.normalization import local_response_normalization
from tflearn.layers.estimator import regression
```

导入类之后，需要构建一个拥有两个卷积层的神经网络。使用 TFLearn 的卷积、池化、正则化、全连接、Dropout 等操作完成网络构建，TFLearn 在卷积的时候，参数包含激活函数，所以不必单独构建激活函数。

```
# MNIST 数据集加载
import tflearn.datasets.mnist as mnist
X, Y, testX, testY = mnist.load_data(one_hot=True)
X = X.reshape([-1, 28, 28, 1])
testX = testX.reshape([-1, 28, 28, 1])

# 搭建卷积神经网络，两层卷积
network = input_data(shape=[None, 28, 28, 1], name='input')
network = conv_2d(network, 32, 3, activation='relu', regularizer="L2")
network = max_pool_2d(network, 2)
network = local_response_normalization(network)
network = conv_2d(network, 64, 3, activation='relu', regularizer="L2")
network = max_pool_2d(network, 2)
network = local_response_normalization(network)
network = fully_connected(network, 128, activation='tanh')
network = dropout(network, 0.8)
network = fully_connected(network, 256, activation='tanh')
network = dropout(network, 0.8)
network = fully_connected(network, 10, activation='softmax')
network = regression(network, optimizer='adam', learning_rate=0.01,
                     loss='categorical_crossentropy', name='target')
```

regression()函数中需要规定优化器类型、学习率和损失函数类型。

完成网络构建后，开始训练模型，在训练过程中可以看到损失以及准确率。

```
# 训练
model = tflearn.DNN(network, tensorboard_verbose=0)
model.fit({'input': X}, {'target': Y}, n_epoch=20,
          validation_set=({'input': testX}, {'target': testY}),
          snapshot_step=100, show_metric=True, run_id='convnet_mnist')
```

使用 TFLearn 构建神经网络时，由于封装度更高，所以整体的代码非常简洁。

### 4. TFLearn 的 API 介绍

TFLearn 目前支持大多数的深度学习模型，如 Convolutions、LSTM、BiRNN、BatchNorm、PReLU、残差网络、生成对抗网络等。

更多 API 详见 TFLearn 官网。

## 6.2 Keras

### 1. Keras 介绍

Keras 是一个由 Python 编写的开源人工神经网络库，可以作为 TensorFlow、Microsoft-CNTK 和 Theano 的后端。现在 Keras 已经被添加到 TensorFlow 中，成为了 TensorFlow 的默认框架。相对于 TensorFlow，Keras 更加适合快速实验和开始一个项目。

Keras 官方网站上描述其特点如下。

（1）对用户友好：Keras 提供一致而简洁的 API，能够极大减少一般应用下用户的工作量。

（2）模块化：网络中的每一个部分，如网络层、损失函数、优化器、初始化策略、激活函数、正则化方法等，都是独立的模块，可以使用它们来构建模型。

（3）易扩展：非常容易添加新模块，只需要仿照现有的模块编写新的类或函数即可。

（4）更易于与 Python 协作：Keras 没有单独的模型配置文件类型，模型由 Python 代码描述，使 Keras 创建的模型更紧凑和更容易调试，并且提供了扩展的便利性。注意，Keras 兼容的是 Python 2.7～3.6 版本。

### 2. Keras 安装

在交互界面（联网状态）完成 Keras 的安装。

```
pip install keras==2.2.4
```

进入 Python 环境，输入“import keras”查看是否安装成功。

### 3. Keras 例程

Keras 的 GitHub 提供了很多实验例程，包括视觉模型、文本和序列、生成模型等。表 6-1 列举了 Keras 部分例程。

表 6-1 Keras 部分例程

| 类型 | 名称 | 功能 |
|---|---|---|
| 视觉模型 | mnist_mlp.py | 在 MNIST 数据集上训练一个简单的多层感知器 |
| | mnist_cnn.py | 在 MNIST 数据集上训练一个简单的 convnet |
| | cifar10_cnn.py | 在 CIFAR-10 小图像数据集上训练一个简单的 CNN |
| | cifar10_resnet.py | 在 CIFAR-10 小图像数据集上训练 ResNet |
| | conv_lstm.py | 使用卷积 LSTM 网络 |
| | mnist_acgan.py | 在 MNIST 数据集上实现 AC-GAN（辅助分类器 GAN） |
| 文本和序列 | addition_rnn.py | 执行序列学习以添加两个数字（字符串） |
| | babi_rnn.py | 在 babi 数据集上训练一个双分支的循环网络 |
| | imdb_bidirectional_lstm.py | 在 IMDB 情绪分类任务上训练双向 LSTM |
| | imdb_cnn.py | 使用 Convolution1D 进行文本分类 |
| | imdb_lstm.py | 在 IMDB 情绪分类任务上训练 LSTM 模型 |
| 生成模型 | lstm_text_generation.py | 从 Nietzsche 的著作中生成文本 |
| | neural_doodle.py | 通过神经网络制作涂鸦画 |

Keras 的核心数据结构是一种模型、一种组织层的方式。最简单的是 Sequential 模型，即线性堆叠层。

Sequential 模型的使用过程包括构建模型、编译模型以及训练评估模型。

先进行模型构建。

```
from keras.layers import Dense
model.add(Dense(units=64, activation='relu', input_dim=100))
model.add(Dense(units=10, activation='softmax'))
```

再进行模型编译。

```
model.compile(loss='categorical_crossentropy', optimizer='sgd', metrics=
['accuracy'])
```

最后进行模型训练，假定数据集输入是 x_train 和 y_train，并加入评估和预测。

```
model.fit(x_train, y_train, epochs=5, batch_size=32)
loss_and_metrics = model.evaluate(x_test, y_test, batch_size=32)
classes = model.predict(x_test, batch_size=32)
```

【例 6-2】 在 MetaFramework 下新建 Keras 目录，在 Keras 目录下新建 CNN_MNIST.py，在 PyCharm 中编写代码。

搭建一个神经网络需要经过加载数据、模型构建、模型编译、模型训练、模型评估等几个步骤。利用 Keras 实现一个双层的卷积神经网络，需要先导入类、设置超参数并加载数据。

```
from __future__ import print_function
import keras
from keras.datasets import mnist
from keras.models import Sequential
from keras.layers import Dense, Dropout, Flatten
from keras.layers import Conv2D, MaxPooling2D
from keras import backend as K

batch_size = 128
num_classes = 10
epochs = 12
# 输入照片维度
img_rows, img_cols = 28, 28
# 加载 MNIST 数据集进行训练和数据测试
(x_train, y_train), (x_test, y_test) = mnist.load_data()
```

接下来判断使用 Theano 还是使用 TensorFlow，它们的参数输入顺序不同。

```
if K.image_data_format() == 'channels_first':
    x_train = x_train.reshape(x_train.shape[0], 1, img_rows, img_cols)
    x_test = x_test.reshape(x_test.shape[0], 1, img_rows, img_cols)
    input_shape = (1, img_rows, img_cols)
else:
    x_train = x_train.reshape(x_train.shape[0], img_rows, img_cols, 1)
    x_test = x_test.reshape(x_test.shape[0], img_rows, img_cols, 1)
    input_shape = (img_rows, img_cols, 1)

x_train = x_train.astype('float32')
x_test = x_test.astype('float32')
x_train /= 255
x_test /= 255
```

```
print('x_train shape:', x_train.shape)
print(x_train.shape[0], 'train samples')
print(x_test.shape[0], 'test samples')

# 将类向量转换为二进制类矩阵
y_train = keras.utils.to_categorical(y_train, num_classes)
y_test = keras.utils.to_categorical(y_test, num_classes)
```

然后需要构建模型，这里构建一个两层卷积的神经网络，例程中有两个卷积层、一个池化层、两个全连接层。

```
model = Sequential()
model.add(Conv2D(32, kernel_size=(3, 3),
                 activation='relu',
                 input_shape=input_shape))
model.add(Conv2D(64, (3, 3), activation='relu'))
model.add(MaxPooling2D(pool_size=(2, 2)))
model.add(Dropout(0.25))
model.add(Flatten())
model.add(Dense(128, activation='relu'))
model.add(Dropout(0.5))
model.add(Dense(num_classes, activation='softmax'))
```

随后编译模型，采用交叉熵作为损失函数，优化器为 keras.optimizers.Adadelta()。

```
model.compile(loss=keras.losses.categorical_crossentropy,
              optimizer=keras.optimizers.Adadelta(),
              metrics=['accuracy'])
```

接下来进行模型训练，输入训练数据集和测试数据集的数据，还需要输入批次（batch_size）和训练轮数（epochs），这两个参数在之前已经由全局变量设定完成。

```
model.fit(x_train, y_train,
          batch_size=batch_size,
          epochs=epochs,
          verbose=1,
          validation_data=(x_test, y_test))
```

最后进行模型评估，评估模型的损失以及准确率，并打印出来。

```
score = model.evaluate(x_test, y_test, verbose=0)
print('Test loss:', score[0])
print('Test accuracy:', score[1])
```

除了直接预测外，Keras 还可以保存模型。与 TensorFlow 不同的是，Keras 保存模型和权重的文件是 HDF5。

#### 4. Keras 的 API 介绍

由于 TensorFlow 将 Keras 添加到框架中，所以 Keras 可以搭建很多网络，具体 API 详见其 API 网站。

## 6.3 小结

TFLearn 和 Keras 是 TensorFlow 更高级的 API，又被称为元框架。当使用这些元框架时，开发者的开发周期会大大缩短，开发效率会大大提升。但是，TensorFlow 与之相比更加灵活，初学者在使用 TensorFlow 时会对网络实现的具体过程有更深的认识。

在了解了 TensorFlow 后，可以尝试使用 Keras 进行网络搭建，体会 Keras 的具体实现流程，了解 Keras 的 API。

## 6.4 练习题

1. 了解 Keras 搭建网络的过程。
2. 了解 CIFAR-10 数据集，并使用 Keras 搭建一个基于 CIFAR-10 数据集的 CNN 网络。

# 第7章 OpenCV开发与应用

OpenCV 是一个开源的计算机视觉和机器学习软件库，可以运行在 Linux、Windows、Android 和 Mac OS 操作系统上。它由一系列 C 函数和少量 C++类构成，所以更加轻量级和高效，同时其提供了 Python、Ruby、MATLAB 等语言的接口，也实现了图像处理和计算机视觉方面的很多通用算法。

**重点知识：**

① OpenCV 介绍　　② OpenCV 常见应用

## 7.1 OpenCV 介绍

V7-1 OpenCV 介绍

OpenCV 用 C++语言编写，它的主要接口也是 C++语言接口，但是依然保留了大量的 C 语言接口。同时，OpenCV 也提供了 Python、Java、MATLAB 等语言的接口，且 OpenCV 是跨平台的，可以在 Windows、Linux、Mac OS、Android、iOS 等操作系统上运行。

OpenCV 有以下特点。

（1）开源：根据 BSD 3 条款许可发布。

（2）优化程度高：OpenCV 是一个高度优化的库，专注于实时应用程序。

（3）跨平台：具有 C++、Python 和 Java 接口，支持 Linux、Mac OS、Windows、iOS 和 Android。

OpenCV 具有如下应用领域功能：运动估算、人脸识别、姿势识别、人机交互、运动理解、对象鉴别、分割与识别、立体视觉、运动跟踪、增强现实（AR 技术）等。基于上述功能实现需要，OpenCV 还包括以下基于统计学的机器学习库：Boosting 算法、决策树算法、Gradient Boosting 算法、EM 算法（期望最大化）、KNN 算法、朴素贝叶斯分类、人工神经网络、随机森林、支持向量机（SVM）。

本书统一采用 OpenCV 的 Python 接口来开发。要使用 OpenCV 的 Python 接口，必须对 NumPy 有足够的认识和了解，例如，Python 接口的 OpenCV 在 imread()获取到图像时返回的是一个 NumPy 类型的数据，这和 C++获取图像后返回 Mat 类型数据不同。

OpenCV 的发展历史如表 7-1 所示。

表 7-1　OpenCV 的发展历史

| 时间 | 发布内容 |
| --- | --- |
| 1999 年 | OpenCV 项目正式启动，旨在推进 CPU 密集型应用 |
| 2000 年 | 在 IEEE 计算机视觉和模式识别会议上向公众正式发布 Alpha 版本 |
| 2001—2005 年 | 发布了 5 个 beta 测试版本 |
| 2006 年 | 1.0 版本正式发布 |
| 2009 年 | OpenCV 2.0 正式发布，添加了 C++的接口，对 OpenCV 中很多 C 语言的数据和 API 进行了优化，旨在实现更简单、更安全的模式。官方宣布以后每 6 个月发布一次新版本 |
| 2012 年 | OpenCV 由一个非营利性基金会 OpenCV.org 接管，负责维护开发人员和用户网站 |
| 2015 年 | OpenCV 3.0 正式发布，带来了更多的 GPU 加速功能 |
| 2017 年 | OpenCV 3.3（包含 3.3.x 版本）正式发布，为 DNN 模块添加了加速功能以及拓展功能 |
| 2017—2018 年 | OpenCV 3.4（包含 3.4.x 版本）正式发布，进一步拓展了 DNN 模块，增加了对量化 TensorFlow 网络的支持 |
| 2018—2019 年 | OpenCV 4.x 正式发布，对 DNN 模块做了优化和改进，删除了很多 OpenCV 1.x 的 C-API |

本书使用 Python 接口的 OpenCV 3.4.x 版本，使用前需要安装。和 TensorFlow 等第三方模块一样，使用 pip 工具进行安装，在 Anaconda 的 TensorFlow 环境下输入“pip install opencv-python==3.4.0.12”，OpenCV 安装过程如图 7-1 所示。

```
(TensorFlow) C:\Users\Administrator>pip install opencv-python==3.4.0.12
Collecting opencv-python==3.4.0.12
  Downloading https://files.pythonhosted.org/packages/4c/25/151aeb11e80f99b97d3eb93a2c98bcacd857f28c4fb8865eb0201d800e97
/opencv_python-3.4.0.12-cp36-cp36m-win_amd64.whl (33.3MB)
    |████████████████████████████████| 33.4MB 2.2MB/s
Requirement already satisfied: numpy>=1.11.3 in d:\program files\anaconda3\envs\tensorflow\lib\site-packages (from openc
v-python==3.4.0.12) (1.16.4)
Installing collected packages: opencv-python
Successfully installed opencv-python-3.4.0.12
```

图 7-1　OpenCV 安装过程

安装完成后进入 Anaconda 的 TensorFlow 环境下，输入“python”进入 Python 解释器，输入“import cv2”，若无错误信息，则代表安装完成，如图 7-2 所示。

```
(TensorFlow) C:\Users\Administrator>python
Python 3.6.8 |Anaconda, Inc.| (default, Feb 21 2019, 18:30:04) [MSC v.1916 64 bit (AMD64)] on win32
Type "help", "copyright", "credits" or "license" for more information.
>>> import cv2
```

图 7-2　OpenCV 安装完成

如果在一些嵌入式设备（如树莓派）上安装 Python 接口的 OpenCV，可以直接下载源码安装或者使用 pip 命令安装。需要注意的是，嵌入式设备在使用 pip 安装 Python 接口的 OpenCV 后，会缺少一些运行时必要的库，需要通过 apt-get 命令安装，包括 libatlas3-base、libjasper1、libgst7、python3-gst-1.0、libqtgui4、libqt4-test、libilmbase12、openexr、libavcodec57、libavformat57、libswscale4。这些库安装完毕后，OpenCV 才可以正常使用。

# 7.2 OpenCV 常见应用

在一些项目上需要调用本地摄像头完成图像捕获，在捕获图像后需要对原图进行一系列的预处理，使得后续识别更为简单、准确。

## 7.2.1 摄像头调用

在 Windows 系统上或者 Linux 系统（如 Ubuntu）上，都可以创建 VideoCapture 对象，调用摄像头，如 cap = cv2.VideoCapture(0)，圆括号里的 0 指的是默认摄像头。如果笔记本电脑自带摄像头，就会开启自带的摄像头；如果是台式机或者嵌入式系统，不自带摄像头，那么就可以调用第一个插入的 USB 摄像头，而且 0 可以换为 1，2，…，*n*，*n* 为整数。圆括号里还可以是视频的路径加视频文件名，或者是网络视频流。

通过 cap 对象还可以设置视频参数，cap 参数如表 7-2 所示。

表 7-2　cap 参数

| 参数 | 值 | 功能 |
|---|---|---|
| CV_CAP_PROP_POS_MSEC | 0 | 视频文件的当前位置（以毫秒为单位）或视频捕获时间戳 |
| CV_CAP_PROP_POS_FRAMES | 1 | 从特定帧开始读取视频 |
| CV_CAP_PROP_POS_AVI_RATIO | 2 | 视频文件的相对位置：0—视频的开始，1—视频的结束 |
| CV_CAP_PROP_FRAME_WIDTH | 3 | 视频每一帧的宽 |
| CV_CAP_PROP_FRAME_HEIGHT | 4 | 视频每一帧的高 |
| CV_CAP_PROP_FPS | 5 | 视频的帧速 |
| CV_CAP_PROP_FOURCC | 6 | 4 个字符表示的视频编码器格式 |
| CV_CAP_PROP_FRAME_COUNT | 7 | 视频的帧数 |
| CV_CAP_PROP_FORMAT | 8 | Byretrieve()返回的 Mat 对象的格式 |
| CV_CAP_PROP_MODE | 9 | 指示当前捕获模式的后端特定值 |
| CV_CAP_PROP_BRIGHTNESS | 10 | 图像的亮度（仅适用于相机） |
| CV_CAP_PROP_CONTRAST | 11 | 图像的对比度（仅适用于相机） |
| CV_CAP_PROP_SATURATION | 12 | 图像的饱和度（仅适用于相机） |
| CV_CAP_PROP_HUE | 13 | 图像的色相（仅适用于相机） |
| CV_CAP_PROP_GAIN | 14 | 图像的增益（仅适用于相机） |
| CV_CAP_PROP_EXPOSURE | 15 | 曝光（仅适用于相机） |
| CV_CAP_PROP_CONVERT_RGB | 16 | 表示图像是否应转换为 RGB 的布尔标志位 |
| CV_CAP_PROP_WHITE_BALANCE | 17 | 目前不支持 |
| CV_CAP_PROP_RECTIFICATION | 18 | 立体摄像机的整流标志位 |

【例 7-1】 新建 OpenCV 项目目录，在 OpenCV 目录下新建文件，命名为 camera.py，在 PyCharm 中编写代码，实现摄像头调用并显示。

```
import cv2
cap = cv2.VideoCapture(0)
while True:
    ret, frame = cap.read()
    cv2.imshow('frame', frame)
    if cv2.waitKey(1) & 0xFF == ord('q'):
        break
cap.release()
```

### 7.2.2 OpenCV 的图像简单处理

图像处理涉及很多方面，常见的包括图像显示、图像的变化等。

**1．加载图像，显示并保存**

【例 7-2】 在 OpenCV 目录下新建文件，命名为 load_pic.py，在 PyCharm 中编写代码，实现图像加载、显示及保存的功能。

```
import cv2
img = cv2.imread('pic.jpg',cv2.IMREAD_COLOR)
cv2.imshow('image',img)
cv2.waitKey(0)
cv2.destroyAllWindows()
cv2.imwrite('pic_copy.png',img, [int(cv2.IMWRITE_JPEG_QUALITY), 95])
```

cv2.imread(filepath,flags)函数的作用是读入一幅图像，filepath 参数表示读入图像的完整路径，flags 是读入图像的标志位，flags 参数意义如表 7-3 所示。

表 7-3　flags 参数意义

| 参数 | 意义 |
| --- | --- |
| cv2.IMREAD_COLOR | 默认参数，读入一幅彩色图像，忽略 alpha 通道 |
| cv2.IMREAD_GRAYSCALE | 读入灰度图像 |
| cv2.IMREAD_UNCHANGED | 读入完整图像，包括 alpha 通道 |

cv2.waitKey()函数表示等待键盘输入，参数为 0 表示一直等待。此处调用 cv2.waitKey()的目的是让图像一直显示，而不会一闪而逝，看过结果后只需要关掉窗口即可。

cv2.imwrite(file,img,num)函数表示保存一幅图像。第一个参数是要保存的路径和文件名。第二个参数是要保存图像的数组。第三个参数是可选的，对于不同的图像存储格式，其意义不同：对于 JPEG 格式，其表示的是图像的质量，用 0～100 之间的整数表示，默认为 95；对于 PNG 格式，第三个参数表示的是压缩级别，默认为 3。此处将图像保存在与原图一样的路径下，名称为“pic_copy.png”。

**2．将图像处理为灰度图和二值化图**

【例 7-3】 在 OpenCV 目录下新建文件，命名为 gray_binary.py，在 PyCharm 中编写代码，将 RGB 图像转换为灰度图和二值化图并显示。

```
import cv2
img = cv2.imread('pic.jpg', cv2.IMREAD_COLOR)
cv2.imshow('img', img)
cv2.waitKey(0)
gray = cv2.cvtColor(img, cv2.COLOR_BGR2GRAY)
cv2.imshow('gray', gray)
cv2.waitKey(0)
ret, binary = cv2.threshold(gray, 127, 255, cv2.THRESH_BINARY)
cv2.imshow('binary', binary)
cv2.waitKey(0)
cv2.destroyAllWindows()
```

将彩色 RGB 图像加载进来，需要注意的是，在 OpenCV 读取图片后，图像并非 RGB 顺序，而是采用 BGR 的顺序。使用 cv2.cvtColor()函数将原始图像转换为灰度图。在灰度图中，像素值为 0～255 之间的某一个值，包含 0 和 255。二值化后，图像中的像素值为 0 或 255，cv2.THRESH_BINARY 参数表示如果当前像素点的值大于阈值，则将输出图像的对应位置像素值置为 255，否则为 0，CV_THRESH_BINARY_INV 参数功能正好相反。除了设置阈值二值化外还有自适应二值化等，本书不做详细介绍。图像的灰度图、二值化图如图 7-3 所示。

图 7-3　灰度图、二值化图

### 3. 图像绘制以及写字

【例 7-4】 在 OpenCV 目录下新建文件，命名为 draw.py，在 PyCharm 中编写代码进行图像绘制并显示。

```
import cv2
img = cv2.imread('draw.jpg', cv2.IMREAD_COLOR)
cv2.line(img, (120, 200), (190, 180), (0, 0, 0), 15)
cv2.line(img, (340, 185), (410, 150), (0, 0, 0), 15)
cv2.line(img, (230, 350), (230, 450), (0, 0, 0), 15)
cv2.line(img, (300, 350), (300, 450), (0, 0, 0), 15)
cv2.rectangle(img, (190, 150), (340, 350), (255, 0, 0), 15)
cv2.circle(img, (265, 80), 70, (0, 0, 255), 15)
font = cv2.FONT_HERSHEY_SIMPLEX
cv2.putText(img, 'hello!!', (400,130), font, 1, (0,0,0), 2)
cv2.imshow('image', img)
cv2.waitKey(0)
cv2.imwrite('draw_result.png',img, [int(cv2.IMWRITE_JPEG_QUALITY), 95])
```

cv2.line()函数的作用是在图中画直线，参数分别为图像、开始坐标、结束坐标、颜色（BGR）和线条粗细。cv2.rectangle()函数的作用是画矩形，参数分别为图像、左上角坐标、右下角坐标、颜色（BGR）和线条粗细。cv2.circle()函数的作用是画圆形，参数分别为图像、圆心、半径、颜色（BGR）和线条粗细。如果要画多边形，需要用到 cv2.polylines()函数。cv2.putText()函数的作用是在图像上写字，不加字库的话只接收英文和标点，参数分别为图像、要写的字、坐标、字体、字体大小、颜色、字体粗细。绘制出的结果如图 7-4 所示。

图 7-4 绘制出的结果

#### 4. 颜色过滤

【例7-5】 在 OpenCV 目录下新建文件，命名为 color_filtering.py，在 PyCharm 中编写代码来实现颜色过滤并显示。

```
import cv2
import numpy as np
lower_red = np.array([0, 0, 0])
upper_red = np.array([180, 255, 46])
img = cv2.imread('color_filter.jpg', cv2.IMREAD_COLOR)
hsv = cv2.cvtColor(img, cv2.COLOR_BGR2HSV)
mask = cv2.inRange(hsv, lower_red, upper_red)
cv2.imshow('img',img)
cv2.waitKey(0)
cv2.imshow('mask',mask)
cv2.waitKey(0)
cv2.destroyAllWindows()
```

将原图中的黑色像素点转换为二值化后的白色，将其余像素点转换为二值化后的黑色，将 RGB 的颜色转换为 HSV（色调、饱和度、明度）颜色。HSV 是一种将 RGB 色彩空间中的点在倒圆锥体中表示的方法，对用户来说是一种直观的颜色模型。lower_red 和 upper_red 为黑色的 HSV 阈值，cv2.inRange()函数可设定阈值，将图像显示出来，原图和颜色过滤后的图如图 7-5 所示。

图 7-5 原图和颜色过滤后的图

### 5. 形态变换

【例 7-6】 在 OpenCV 目录下新建文件，命名为 transformation.py，在 PyCharm 中编写代码来实现形态变换并显示。

```
import cv2
import numpy as np
lower_red = np.array([0, 0, 0])
upper_red = np.array([180, 255, 46])
img = cv2.imread('color_filter.jpg', cv2.IMREAD_COLOR)
hsv = cv2.cvtColor(img, cv2.COLOR_BGR2HSV)
mask = cv2.inRange(hsv, lower_red, upper_red)
kernel = np.ones((5, 5), np.uint8)
erosion = cv2.erode(mask, kernel, iterations = 1) # 腐蚀
dilation = cv2.dilate(mask, kernel, iterations = 1) # 膨胀
opening = cv2.morphologyEx(mask, cv2.MORPH_OPEN, kernel) # 开操作
closing = cv2.morphologyEx(mask, cv2.MORPH_CLOSE, kernel) # 闭操作
cv2.imshow('erosion',erosion)
cv2.waitKey(0)
cv2.imshow('dilation',dilation)
cv2.waitKey(0)
cv2.imshow('opening',opening)
cv2.waitKey(0)
cv2.imshow('closing',closing)
cv2.waitKey(0)
cv2.destroyAllWindows()
```

先对原图的黑色进行过滤，过滤后分别进行腐蚀、膨胀、开操作、闭操作。

腐蚀：让滑块滑动（此处滑块的大小为 5 像素×5 像素），如果滑块内所有的像素都是白色的，那么得到白色，否则是黑色。腐蚀有助于消除一些白色噪声。

膨胀：与腐蚀相反，如果整个滑块不全部是黑色的，就会转换成白色。

开操作：先腐蚀后膨胀，消除二值图像中小的白色干扰区域。

闭操作：先膨胀后腐蚀，消除二值图像中小的黑色干扰区域。

进行腐蚀、膨胀后的图像如图 7-6 所示，开操作、闭操作后的图像如图 7-7 所示。

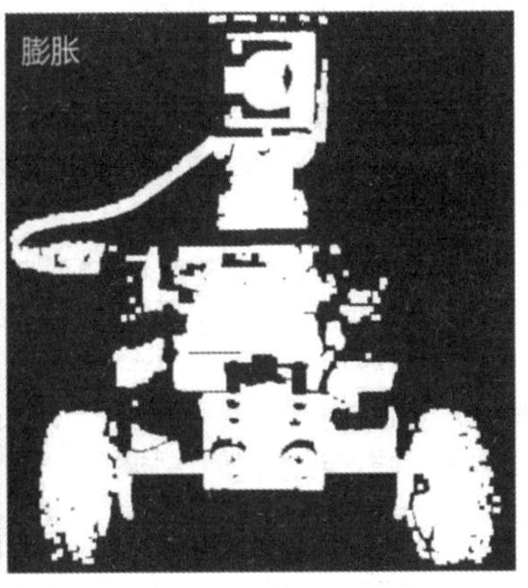


图 7-6 腐蚀、膨胀后的图像

V7-4 形态变换

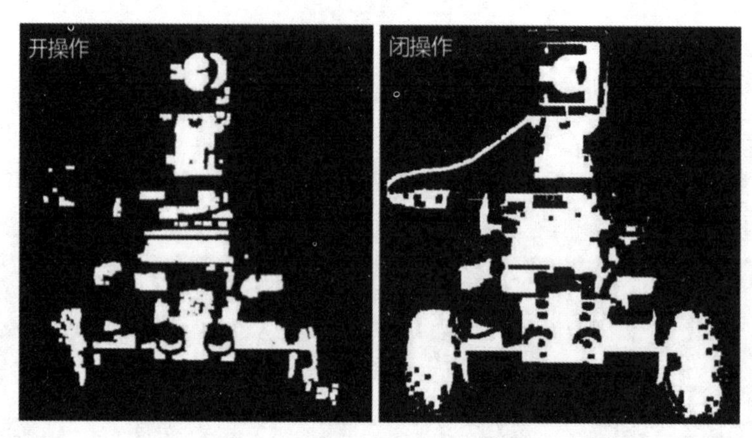


图 7-7 开操作、闭操作后的图像

### 7.2.3 图像处理的意义及价值

图像处理一般指数字图像处理，人类的视觉感官和机器是不一样的，机器读入的是一个数组，该数组的元素称为像素。图像处理的常用方法如表 7-4 所示。

表 7-4 图像处理的常用方法

| 方法 | 描述 |
| --- | --- |
| 图像变换 | 由于图像阵列很大，直接在空间域中进行处理，涉及的计算量很大。因此，往往采用各种图像变换的方法，如傅里叶变换、沃尔什变换、离散余弦变换等间接处理技术，将空间域的处理转换为变换域处理，这样不仅可减少计算量，而且可获得更有效的处理（如傅里叶变换可在频域中进行数字滤波处理） |
| 图像编码压缩 | 图像编码压缩技术可减少描述图像的数据量（即比特数），以便缩短图像传输、处理时间，以及减少所占用的存储器容量。压缩可以在不失真的前提下进行，也可以在允许的失真条件下进行 |
| 图像增强和复原 | 图像增强和复原的目的是提高图像的质量，如去除噪声、提高图像的清晰度等。图像增强不考虑图像降质的因素，突出图像中所感兴趣的部分。如强化图像高频分量，可使图像中的物体轮廓清晰，细节明显；强化低频分量可减弱图像中噪声影响。图像复原要求对图像降质的原因有一定的了解，一般应先根据降质过程建立“降质模型”，再采用某种滤波方法恢复或重建原来的图像 |
| 图像分割 | 图像分割是数字图像处理中的关键技术之一，是指将图像中有意义的特征部分提取出来。其有意义的特征包括图像中的边缘、区域等，图像分割是进一步进行图像识别、分析和理解的基础 |
| 图像描述 | 图像描述是图像识别和理解的必要前提。二值图像可采用其几何特性描述物体的特性，一般图像采用二维形状描述。图像描述有边界描述和区域描述两类方法。对于特殊的纹理图像，可采用二维纹理特征描述 |
| 图像分类（识别） | 图像分类（识别）属于模式识别的范畴，其主要内容是图像经过某些预处理（增强、复原、压缩）后，进行图像分割和特征提取，从而进行判决分类。图像分类常采用经典的模式识别方法，有统计模式分类和句法（结构）模式分类。近年来发展起来的模糊模式识别和人工神经网络模式分类在图像识别中也越来越受重视 |

OpenCV 使得图像处理更加容易、方便，将处理之后的图像放在机器学习或深度学习中再做

识别，可以使图像处理更准确。

## 7.3 小结

本章介绍了 OpenCV 的开发和应用，针对摄像头的调用、图像的处理做了详细介绍。在图像处理中还有很多其他方法，如仿射变换、边缘检测等。

在实际项目中，如在边缘嵌入式设备上，合理运用 OpenCV 可以使图像处理更加简单。

## 7.4 练习题

1. 完成 Python 下 OpenCV 的安装。
2. 使用 OpenCV 绘制一个六边形并保存。

# 第8章

# 计算机视觉处理

计算机视觉（Computer Vision）是跨学科的科学领域，是一门使用计算机等相关设备完成对数字图像或视频的高级理解的科学，可完成对图像的自动提取、分析和理解。

计算机视觉通常被认为是人工智能领域的一部分。

**重点知识：**

① 计算机视觉开发介绍
② 手写数字识别
③ 人脸识别

## 8.1 计算机视觉开发介绍

计算机视觉是一个跨学科的领域，涉及的部分学科如图 8-1 所示。

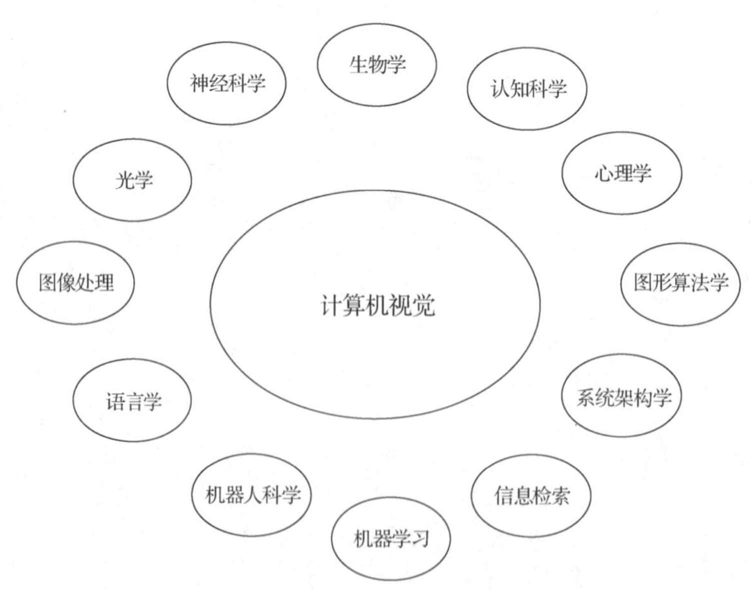


图 8-1 计算机视觉涉及的部分学科

在 20 世纪 60 年代后期，一些涉及了人工智能相关方向的大学开始研究计算机视觉，它旨在模仿人类的视觉系统，开始的时候，开发者希望利用计算机视觉从图像中提取三维结构，以实现对整个场景的理解。20 世纪 70 年代的研究包括从图像中提取边缘、标记线条、进行非多面体和多面体建模、将对象表示为较小结构的互连、光流以及运动估计等，为当今的计算机视觉奠定了基础。

计算机视觉是深度学习最先取得突破性成就的领域。2012 年，在 ILSVRC 大赛上，基于卷积神经网络的 AlexNet 模型获得了当年图像分类的冠军。历年 ILSVRC 比赛冠军模型错误率如图 8-2 所示。从图 8-2 中可以看出，在 2012 年以前，传统的视觉处理方法错误率最低的为 2011 年的 25.80%。在 2012 年，将深度学习引入计算机视觉后，错误率降到了 16.40%。从 2013 年开始，比赛中的前 20 名都使用了深度学习算法。2013 年之后，ILSVRC 比赛就基本上只有深度学习算法参赛了。2012—2016 年，通过对算法的研究以及优化，识别错误率在不断地下降，这让图像分类问题得到了很好的解决。在 2015 年，当年的冠军模型 ResNet 将错误率下降到了 3.60%，要低于人工标注的错误率 5.1%，实现了计算机视觉上的突破。

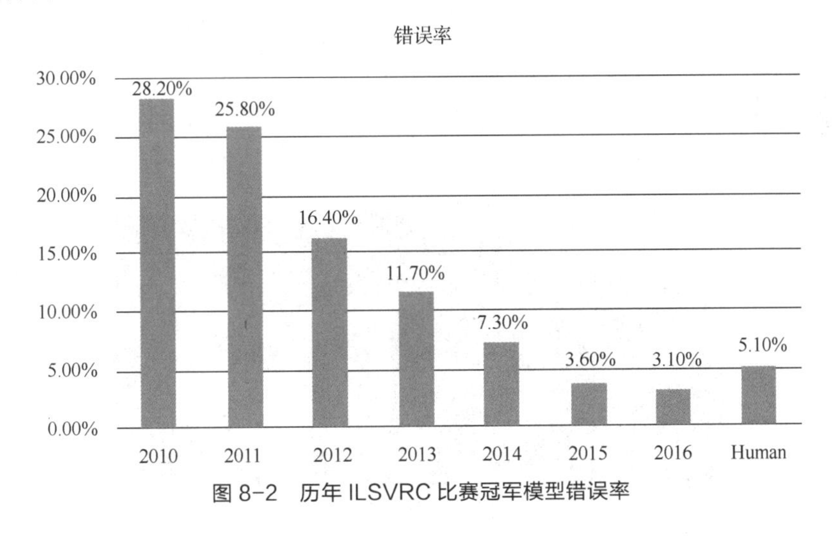

图 8-2　历年 ILSVRC 比赛冠军模型错误率

神经网络和深度学习极大地推动了计算机视觉的发展，发展较好的几个方向如下。

### 1. 图像分类

在图像分类问题中，图像上只有单一类别，将很多带有标记的数据集进行训练之后，可以对新的、未知的、具有单一类别的图像进行预测，类似于教小孩子看图识物，这种方法是数据驱动的方法，也是图像分类最常用的方法。例如，对猫的类别进行训练后，再将图 8-3 所示的照片输入网络进行预测，在网络训练效果不错的前提下，可以识别出这是一只猫。

图 8-3　猫的照片

### 2. 目标检测

与图像分类不同，进行目标检测的图像中并不一定只有单一类别的物体。在处理这类问题时，需要在数据上针对各个对象画出边界框和标签，训练完成后可以对新的图像进行预测，目标检测如图 8-4 所示，方框可以圈出猫的位置。

图 8-4 目标检测

### 3. 语义分割

语义分割与目标检测不同，语义分割需要对每个像素进行语义上的理解，由于需要对每个像素属于图像上的哪个部分做出分类，所以每个像素都拥有标签，语义分割如图 8-5 所示。

图 8-5 语义分割

计算机视觉比较突出的应用领域如下。医学图像检验：从图像数据中提取信息以诊断患者患病类别；工业领域：在该领域，计算机视觉有时被称为机器视觉，如产品质量把控，机器视觉也大量运用于农业上，以去除不良幼苗或除虫；安防、娱乐领域：传统机器学习的方法运用于人脸识别时并不能很好地满足精度要求，并且同一个人在不同光照、姿态下的特征会有差异，在深度学习运用于计算机视觉后，算法能够提升识别准确率；光学字符识别：将计算机无法理解的图像形式转换成计算机可以理解的文本格式；自动驾驶：可以在马路上无人驾驶汽车，还可以进行自动泊车等操作。

## 8.2 手写数字识别

基于 MNIST 数据集的手写数字识别是学习深度学习的一个入门级例子，本节将使用 TensorFlow 设计一个手写数字识别项目。

## 8.2.1 项目介绍

V8-1 手写数字识别项目介绍

本项目采用卷积神经网络，为了保证整个项目的完整性，在训练过程中不仅要显示损失或者准确率，而且在训练完成后需要保存得到的模型，然后调用摄像头来实时预测新的图像，新图像可以是数据集中的，也可以是自己手写的。通过实现整个过程，将 OpenCV、神经网络以及 TensorFlow 结合起来学习，项目流程图如图 8-6 所示。

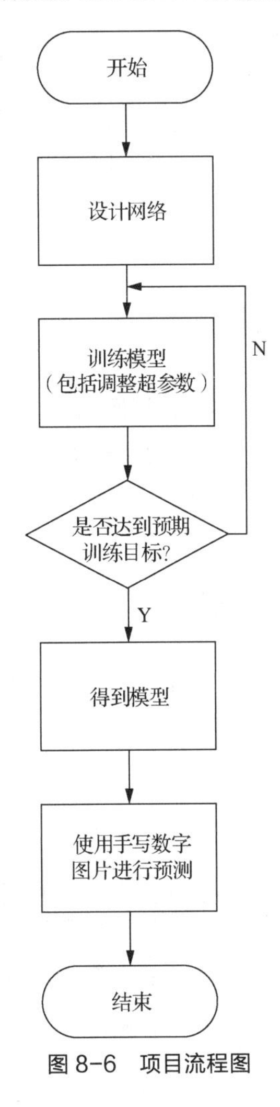


图 8-6 项目流程图

在 5.4 节中，通过 TensorFlow 框架实现了一个类似于 LeNet-5 的神经网络，来解决 MNIST 数据集上的手写数字识别问题，本节训练过程依然使用该网络，并且在最后训练出模型，模型文件以变量的形式存储参数，该变量需要在代码中初始化。在训练过程中，将更新的参数存储到变量中，使用 tf.train.Saver()对象将所有的变量添加到 Graph 中。

保存模型的函数为：

```
save_path = saver.save(sess, model_path)
```

如果每隔一定的迭代步数就保存一次模型，就把迭代步数作为参数传进去：

```
save_path = saver.save(sess, model_path, global_step=step,write_meta_graph=False)
```

在模型保存之后，调用该模型可以完成新数据的分类预测，模型在保存后会生成 4 个文件，TensorFlow 模型如图 8-7 所示。

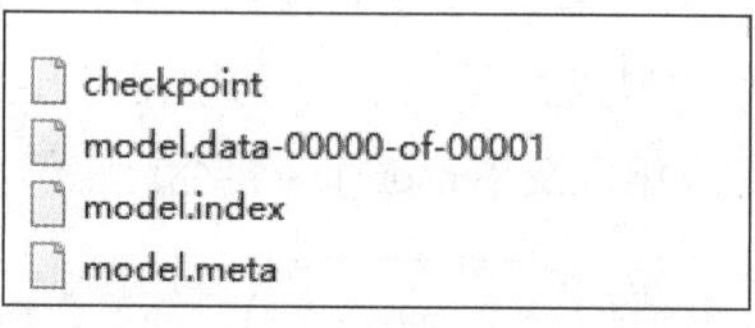


图 8-7　TensorFlow 模型

其中，model.meta 是训练过程中保存的元数据；model.data-00000-of-00001 和 model.index 是检查点文件，存储着训练过程中保存的模型；checkpoint 是记录文件，保存最新检查点文件的记录。

### 8.2.2　图像获取以及预处理

本项目中使用两种方式获取图像：直接读取图像和调用摄像头从视频流中获取图像。新建 CV 目录，在 CV 目录下新建 mnist_predict 项目目录，将 5.4.1 小节训练完成的模型目录放在 mnist_predict 目录下。

**1．从图像文件中读取并处理**

**【例 8-1】** 在 mnist_predict 目录下新建文件，命名为 read_pic.py，使用 OpenCV 读取新图像，并进行预处理，在 PyCharm 中编写如下代码。

```
import os
import cv2
os.environ['TF_CPP_MIN_LOG_LEVEL'] = '2'
# 将输入的彩色图像转换为二值化图
def color_input(endimg):
    # 灰度化转换
    img_gray = cv2.cvtColor(endimg, cv2.COLOR_BGR2GRAY)
    ret, img_threshold = cv2.threshold(img_gray, 127, 255, cv2.THRESH_BINARY_INV)
    return img_threshold
# 读取图像并显示
def read_pic(path):
    img = cv2.imread(path, cv2.IMREAD_COLOR)
    cv2.imshow('img', img)
    cv2.waitKey(0)
    img_threshold = color_input(img)
    cv2.imshow('img_threshold', img_threshold)
    cv2.waitKey(0)
if __name__ == '__main__':
    read_pic("pic.png")
```

运行以上代码，在 read_pic()函数中可读取与 read_pic.py 同级目录下的 pic.png 图像文件并且显示出来。pic.png 图像文件如图 8-8 所示，这是手写的一些数字，关掉显示框之后，调用 color_input()

函数，并将读取的图像传递进去。在 color_input()函数中，完成 RGB 彩色图像向二值化图像的转换，并将转换后的二值化图像显示出来，转换后的二值化图像如图 8-9 所示。

图 8-8　pic.png 图像文件

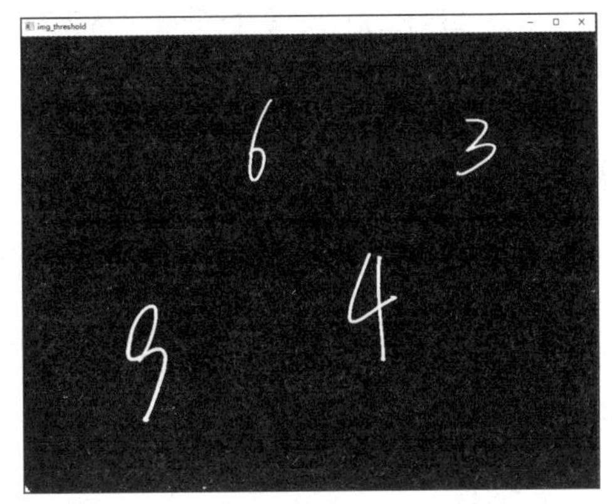

图 8-9　转换后的二值化图像

**2. 从摄像头获取图像**

从摄像头获取图像并转换为二值化图，其基本操作与读取图像类似，但需要使用 OpenCV 调用摄像头。

【例 8-2】 在 mnist_predict 目录下新建文件，命名为 camera.py，使用摄像头拍摄图像，处理为二值化图并显示，在 PyCharm 中编写以下代码。

```
import cv2
def start():
    # 使用摄像头
    cap = cv2.VideoCapture(0)
    while (True):
        # 读取一帧的图像
        ret, frame = cap.read()
        # 灰度化
        img_gray = cv2.cvtColor(frame, cv2.COLOR_BGR2GRAY)
        ret, img_threshold = cv2.threshold(img_gray, 127, 255, cv2.THRESH_BINARY_INV)
        cv2.imshow('img_threshold', img_threshold)
        key = cv2.waitKey(30) & 0xff
        if key == 27:
            sys.exit(0)
    # 释放摄像头
    cap.release()
    cv2.destroyAllWindows()
if __name__ == '__main__':
    start()
```

start()函数可调用摄像头，捕捉并显示视频帧。

## 8.2.3 图像识别

使用训练好的模型识别新图像，根据图像来源不同，介绍两种不同的方式完成识别。

### 1. 从图像文件中读取并识别

在识别之前，首先需要恢复保存的模型。在恢复模型之前，无需初始化变量，在恢复过程中会自动进行初始化保存的变量的操作。8.2.2 小节实现了图像的读取和二值化的转换，输入预测代码后进行运算，完成识别。

【例 8-3】 在 mnist_predict 目录下新建文件，命名为 predict_pic.py，识别图像。

```
import os
import cv2
import numpy as np
import tensorflow as tf
os.environ['TF_CPP_MIN_LOG_LEVEL'] = '2'
# 将输入的彩色图像转换为二值化图
def color_input(endimg):
    img_gray = cv2.cvtColor(endimg, cv2.COLOR_BGR2GRAY)   # 灰度化
    ret, img_threshold = cv2.threshold(img_gray, 127, 255, cv2.THRESH_BINARY_INV)
    return img_threshold
# 读取图像并显示
def read_pic(path):
    img = cv2.imread(path, cv2.IMREAD_COLOR)
    cv2.imshow('img', img)
    cv2.waitKey(0)
    img_threshold = color_input(img)
    cv2.imshow('img_threshold', img_threshold)
    cv2.waitKey(0)
    return img_threshold
if __name__ == '__main__':
    with tf.Session() as sess:
        saver = tf.train.import_meta_graph('model_data/model.meta')
        # 模型恢复
        saver.restore(sess, 'model_data/model')
        graph = tf.get_default_graph()
        # 获取变量
        input_x = sess.graph.get_tensor_by_name("Mul:0")
        y_conv2 = sess.graph.get_tensor_by_name("final_result:0")
        # 读取图像
        img_threshold = read_pic("nine.png")
        # 将图像进行缩放
        im = cv2.resize(img_threshold, (28, 28), interpolation=cv2.INTER_CUBIC)
        x_img = np.reshape(im, [-1, 784])
        # 识别
        output = sess.run(y_conv2, feed_dict={input_x: x_img})
        result = np.argmax(output)
        print("识别结果为: {}".format(result))
```

使用 saver.restore(sess,model_path)函数实现模型恢复，根据标识符获得 Tensor 变量内容，将要识别的图像进行读取并进行缩放，读取到的图像如图 8-10 所示。缩放的目的是为了保持处理后的图像与训练时的数据集图像大小一致，否则无法识别。

识别完成后，得到识别结果，如图 8-11 所示。

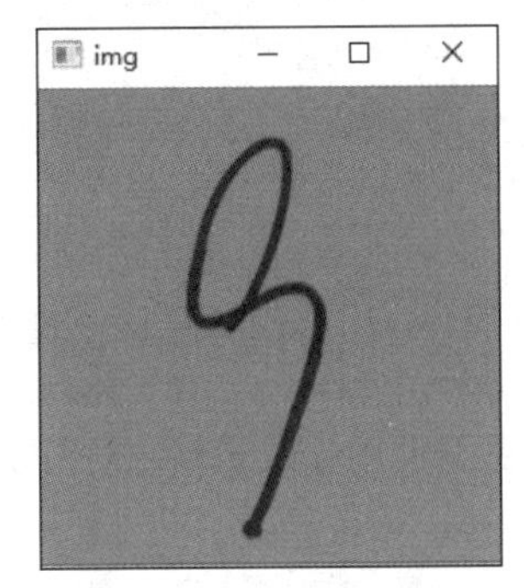


图 8-10　读取到的图像

识别结果为：9

图 8-11　识别结果（1）

### 2. 从摄像头实时识别

从摄像头捕捉图像进行识别的基本过程与直接读取图像一致，通过实时图像的界面，可以将视频帧数、结果都显示出来。

**【例 8-4】** 在目录下新建文件，命名为 predict_camera.py，完成识别。

首先导入需要的类，包括 OpenCV、NumPy 和 TensorFlow。

```
import os
import cv2
import sys
import time
import numpy as np
import tensorflow as tf
os.environ['TF_CPP_MIN_LOG_LEVEL'] = '2'
```

接下来需要封装一个函数，作用是将输入的 RGB 图像转换为二值化图像，并将转换后的二值化图像返回。

```
# 将输入的彩色图像转换为二值化图
def color_input(endimg):
    img_gray = cv2.cvtColor(endimg, cv2.COLOR_BGR2GRAY)
    ret, img_threshold = cv2.threshold(img_gray, 127, 255, cv2.THRESH_BINARY_INV)
    return img_threshold
```

然后恢复模型。实例化一个 saver，并使用 saver.restore()函数恢复模型，将得到的变量返回。

```
# 恢复模型并实例化 saver
def restore_model():
    sess = tf.Session()
    saver = tf.train.import_meta_graph('model_data/model.meta')
    # 使用 saver.restore()函数模型恢复
    saver.restore(sess, 'model_data/model')
    # 获取变量
    input_x = sess.graph.get_tensor_by_name("Mul:0")
    y_conv2 = sess.graph.get_tensor_by_name("final_result:0")
    return sess, input_x, y_conv2
```

接下来构建预测函数，将变量和二值化图像传入，将图像进行缩放，调用 sess.run()函数实现预测，并将结果返回。

```
# 图像预测
def mnist_predict(sess, input_x, y_conv2, img_thre):
    # 将图像进行缩放
    im = cv2.resize(img_thre, (28, 28), interpolation=cv2.INTER_CUBIC)
    x_img = np.reshape(im, [-1, 784])
    # 识别
    output = sess.run(y_conv2, feed_dict={input_x: x_img})
    result = np.argmax(output)
    return result
```

最后在主函数中调用摄像头，调用模型恢复函数，使用 cv2.putText()函数在显示的界面上显示识别结果、帧数等提示。

```
if __name__ == '__main__':
    # 使用默认字体
    font = cv2.FONT_HERSHEY_SIMPLEX
    # 使用摄像头
    cap = cv2.VideoCapture(0)
    # 初始化用于计算 fps 的变量
    fps = "FPS: ??"
    start_time = time.time()
    counter = 0
    # 调用模型恢复函数
    sess, input_x, y_conv2 = restore_model()
    # 循环显示识别结果图像
    while (True):
        # 读取一帧的图像
        ret, frame = cap.read()
        cv2.rectangle(frame, (180, 100), (460, 380), (0, 255, 0), 2)
        frame = cv2.putText(frame, 'Please', (0, 40), font, 1.2, (0, 255, 255), 2)
        frame = cv2.putText(frame, 'Put the number in the box:', (0, 80), font,
1.2, (0, 255, 255), 2)
        endimg = frame[100: 380, 180: 460]
        endimg_threshold = color_input(endimg)
        result = mnist_predict(sess, input_x, y_conv2, endimg_threshold)
        counter += 1
        if(time.time() - start_time) > 1:
            print("FPS: ", counter / (time.time() - start_time))
            counter = 0
            start_time = time.time()
        cv2.putText(frame, "%d" % result, (460, 380), font, 3, (0, 0, 255), 2)
        cv2.putText(frame, fps, (50, 120), font, 0.8, (0, 0, 255), 2)
        cv2.imshow('Number Recognition', frame)
        key = cv2.waitKey(30) & 0xff
        if key == 27:
            sys.exit(0)
    sess.close()
    # 释放摄像头
    cap.release()
    cv2.destroyAllWindows()
```

### 8.2.4 结果显示

使用代码画一个方形框，可以使结果更加直观。将摄像头对准手写的数字，将数字放在框里，调用识别函数完成识别，并将帧数 FPS 显示在方形框左上角，将结果显示在方形框右下角，识别结果如图 8-12 所示。

图 8-12 识别结果（2）

## 8.3 人脸识别

人脸识别是基于人的脸部特征信息进行身份识别的一种生物识别技术，如今很多场景下都使用人脸识别进行安全验证。由于人脸识别具有并发性、非接触性以及非强制性，所以运用十分广泛，如智能手机的人脸识别开锁、火车站的刷脸进站、支付宝的刷脸支付、北京大兴国际机场的刷脸登机等场景都应用了人脸识别技术。智能手机的刷脸解锁速度已经可以做到从口袋拿出手机后看一眼手机就完成上划解锁，甚至让人感觉不到有人脸验证解锁这一步。支付宝的刷脸支付货架如图 8-13 所示。

图 8-13 支付宝的刷脸支付货架

## 8.3.1 项目介绍

V8-2 人脸识别项目介绍

传统人脸识别需要人工提取特征，但是由于受到光照、角度等的影响会造成识别率不高、识别速度不快等问题，深度学习现在成为了人脸识别的主流方法，无须人工提取特征。人脸识别系统包含目标检测与图像分类的过程，目标检测就是在图像中找到人脸，图像分类就是识别人脸。

本项目使用读取图像以及调用摄像头两种方式完成图像中人脸检测、人脸关键点检测、人脸对比、人脸搜索与人脸识别。

本项目基于 face_recognition 项目开发。face_recognition 项目的人脸识别是基于 C++开源库 dlib 中的深度学习模型实现的，用 LFW（Labeled Faces in the Wild Home）人脸数据集进行测试时，准确率可达到 99.38%。

在项目开始之前需要安装 face_recognition 第三方库：Python 版本需要在 Python 3.3 及以上或者 Python 2.7 上安装；在 Mac、Linux 或者 Windows 上安装时，首先需要安装 dlib，然后在交互界面输入“pip3 install face_recognition”命令安装项目源码，或者直接在 GitHub 网站下载项目源码。

## 8.3.2 人脸的数据集介绍

人脸数据集很多，本书介绍 LFW（Labeled Faces in the Wild Home）数据集。该数据集是由美国马萨诸塞州立大学阿默斯特分校计算机视觉实验室整理完成的，主要用来研究非受限情况下的人脸识别问题。在 LFW 数据集中，由于多姿态、光照、表情、年龄、遮挡等因素的影响，即使是同一人的照片差别也很大。并且有些照片中可能存在多张人脸，对这些存在多张人脸的图像，仅选择中心坐标的人脸作为识别目标，其他区域的内容视为背景干扰。该数据集包含 5746 个人的 13233 张照片，其中 1680 个人拥有多张照片，每张照片的大小为 250 像素×250 像素。

下载 LFW 数据集，解压后的目录如图 8-14 所示。

| | | |
|---|---|---|
| Aaron_Eckhart | 2019/9/29 9:22 | 文件夹 |
| Aaron_Guiel | 2019/9/29 9:22 | 文件夹 |
| Aaron_Patterson | 2019/9/29 9:22 | 文件夹 |
| Aaron_Peirsol | 2019/9/29 9:22 | 文件夹 |
| Aaron_Pena | 2019/9/29 9:22 | 文件夹 |
| Aaron_Sorkin | 2019/9/29 9:21 | 文件夹 |
| Aaron_Tippin | 2019/9/29 9:22 | 文件夹 |
| Abba_Eban | 2019/9/29 9:22 | 文件夹 |
| Abbas_Kiarostami | 2019/9/29 9:21 | 文件夹 |
| Abdel_Aziz_Al-Hakim | 2019/9/29 9:22 | 文件夹 |
| Abdel_Madi_Shabneh | 2019/9/29 9:22 | 文件夹 |
| Abdel_Nasser_Assidi | 2019/9/29 9:22 | 文件夹 |
| Abdoulaye_Wade | 2019/9/29 9:22 | 文件夹 |
| Abdul_Majeed_Shobokshi | 2019/9/29 9:22 | 文件夹 |

图 8-14 LFW 数据集解压后的目录

LFW 数据集文件夹按名字命名，人脸照片在每个名字的文件夹下，人脸照片命名方式为“名字_xx.jpg”，如 Aaron_Eckhart_0001.jpg。

### 8.3.3 人脸识别流程

人脸识别流程主要包括 4 个组成部分，分别为人脸图像采集及检测、人脸图像预处理、人脸图像特征提取以及匹配与识别。

**1. 人脸图像采集及检测**

人脸识别首先需要采集人脸图像，可以通过读取图像或者通过摄像头直接采集来完成。某幅图像上可能存在人脸，也可能不存在人脸，所以需要进行人脸检测。人脸检测在实际应用中主要用于人脸识别的预处理，即在图像中准确标出人脸的位置和大小。人脸图像中包含的模式特征十分丰富，如直方图特征、颜色特征、模板特征、结构特征及 Haar 特征等。人脸检测就是把其中有用的信息挑出来。

**2. 人脸图像预处理**

在人脸检测之后，将人脸图像截取出来，然后对该图像进行预处理，包括人脸图像的光线补偿、灰度变换、直方图均衡化、归一化、几何校正、滤波以及锐化等。预处理可以尽量避免环境条件限制和随机干扰，提高特征提取准确率。

**3. 人脸图像特征提取**

人脸图像特征提取也称为人脸表征，它是对人脸进行特征建模的过程，可以将图像信息数字化，根据人脸器官的形状描述以及它们之间的距离特性来获得有助于人脸分类的特征数据。其特征分量通常包括特征点间的欧氏距离、曲率和角度等。人脸由眼睛、鼻子、嘴、下巴等局部部位构成，这些局部部位之间结构关系的几何描述可作为识别人脸的重要特征。

**4. 匹配与识别**

匹配是将所提取的人脸图像的特征数据与数据库中存储的特征模板进行搜索匹配，通常设定一个阈值，当相似度超过这一阈值时，则把匹配得到的结果输出。人脸识别就是将待识别的人脸特征与已得到的人脸特征模板进行比较，根据相似程度对人脸的身份信息进行判断。这一过程又分为两类：一类是确认，是一对一进行图像比较的过程，如手机解锁；另一类是辨认，是一对多进行图像匹配对比的过程，如公共安全监测。

### 8.3.4 人脸识别方案

人脸识别是基于人的脸部特征信息进行身份识别的一种生物识别技术，是用摄像机或摄像头采集含有人脸的图像或视频流，并自动在图像中检测和跟踪人脸，进而对检测到的人脸进行脸部识别的一系列相关技术，通常也称为人像识别、面部识别。

**1. 怎么找到人脸**

人脸识别的第一步是找到人脸，即人脸检测，在一张照片或一个视频帧中，首先要知道是否存在人脸以及人脸的位置。在智能手机或者相机上拍照时，人脸检测可以确保在拍摄时对焦到所有人脸。在人脸识别系统中，它的作用是将人脸区域传递到预处理中。

找到人脸之后需要提取整体图像特征，提取特征的方法有方向梯度直方图（Histogram of

Oriented Gradient，HOG）、局部二值（Local Binary Pattern，LBP）以及 Haar-like。

OpenCV 中对 AdaBoost 与 Haar-like 组成的级联人脸检测做了封装。在深度学习被广泛运用之后，人脸检测更多地使用 CNN 或者其他网络完成。face_recognition 可以使用方向梯度直方图或者更为精确的基于深度学习的面部检测模型检测照片中的人脸，但是使用深度学习的面部检测模型需要 GPU 加速（通过 NVIDIA 的 CUDA 库）才能获得良好的性能。

**2. 简单的面部识别分类**

根据之前的步骤将脸部从图像中分离，如果直接将两张照片进行对比，当两者中人脸的角度、位置不同时，接下来的网络或者算法在做分类时准确率降低，所以通常需要先对脸部图像进行预处理。比较通用的预处理方法是瓦希德·卡泽米（Vahid Kazemi）和约瑟芬·沙利文（Josephine Sullivan）提出的面部特征点估计，该方法的主要思路是找到面部中普遍存在的 68 个特征点，包括下巴、每只眼睛的外部轮廓、每条眉毛的内部轮廓等，然后基于这些特征点的位置对图像进行仿射变换等操作，让人脸尽量居中。

脸部居中之后可以进行识别，最简单的方法是将要识别的人脸与数据库被标注的人脸进行比较，看是否相似。直接比较的话，如果人脸数据库中有上万张甚至十几万张照片，那么逐个比较会需要很长的时间。embedding 可以解决这个问题，这种方法是将图像这种复杂的数据生成一个简单的数列，具体思路是：使用卷积神经网络进行面部编码，将面部图像在网络中进行训练并生成 128 个参数值。例如，现在有 3 张照片，照片 A 和照片 C 属于同一个人，照片 B 属于另外一个人，设计神经网络，使 3 张照片学习并生成 3 组参数值，其中，照片 A 和照片 C 生成的参数值相近，且与照片 B 生成的参数值有差距，经过多次学习后，即使某个人有很多照片，神经网络也可以为这个人生成一个大概范围的参数值。

这个卷积神经网络的作用是将某个人的人脸照片进行编码。使用这个网络，可以对新的需要人脸识别的用户进行编码。

最后一步就是人脸识别，有了前面的铺垫，这一步就很简单了。得到需要识别的人脸并将其编码之后，使用分类算法就可以完成识别，如 KNN。需要注意的是，这里的 KNN 并不是对比两张照片的像素距离，而是对比编码后的 128 个参数值的距离。

### 8.3.5 人脸识别应用

基于人脸技术可以完成多种应用，包括人脸检测、人脸关键点检测、人脸对比、人脸搜索、人脸识别等。

8.3.4 小节介绍了一种人脸识别的原理，本小节基于该原理的 face_recognition 项目实现人脸检测、人脸关键点检测、人脸对比、人脸搜索以及人脸识别。

**1. 人脸检测**

在 CV 目录下新建 face_predict 项目目录，同时在 face_predict 目录下新建 Face_database 作为人脸库目录，在 Face_database 目录下新建以人名命名的人脸库子目录，可以新建多个人脸库子目录，每个人脸库子目录下可以存放某人的多张照片。

【例 8-5】 在 face_predict 下新建 face-find.py 文件，读取照片并将检测后的人脸标注出来。

```
import cv2
import face_recognition
# 加载被比较的图像
frame = face_recognition.load_image_file("Face_database/hyz/hyz.png")
# 使用 CPU 获得人脸边界框的数列
face_locations = face_recognition.face_locations(frame)
# 使用 CNN 并利用 GPU/CUDA 加速获得人脸边界框的数列
# 相对更准确
# face_locations = face_recognition.face_locations(frame, number_of_times_to_
upsample=0, model="cnn")
print("该张图像中有 {} 张人脸。".format(len(face_locations)))
# 圈出人脸边界框
for (top, right, bottom, left) in face_locations:
    cv2.rectangle(frame, (left, top), (right, bottom), (0, 255, 0), 2)
# 显示得到人脸后的图像
frame = frame[:, :, ::-1]
cv2.imshow("image", frame)
cv2.waitKey(0)
```

本段代码使用非 CNN 的方式检测人脸，读取 Face_database 目录下 hyz 人脸库子目录下的图像，读取“hyz.png”图像，使用 face_recognition.face_locations()函数寻找人脸，将照片中的人脸数量输出，并将人脸用矩形框圈出，人脸检测图像结果如图 8-15 所示。

图 8-15 人脸检测图像结果

## 2. 人脸关键点检测

人脸关键点检测是给定人脸图像，定位出人脸面部的关键区域，包括眉毛、眼睛、鼻子、嘴巴、脸部轮廓等。

【例 8-6】 在 face_predict 下新建 face-feature.py 文件，读取照片并标记特征点。

```
# 加载被比较的图像
frame = face_recognition.load_image_file("Face_database/hyz/hyz.png")
# 查找图像中的所有面部特征
face_landmarks_list = face_recognition.face_landmarks(frame, face_locations =
None, model ='large')
```

```
    # 查找图像中的鼻子、左眼、右眼面部特征
    # face_landmarks_list = face_recognition.face_landmarks(frame, face_locations=
None, model='small')
    print("该张图像中有 {} 张人脸。".format(len(face_landmarks_list)))
    for face_landmarks in face_landmarks_list:
        # 打印此图像中每个面部特征的位置
        # 查找图像中所有面部特征的列表
        facial_features = [
            'chin',
            'left_eyebrow',
            'right_eyebrow',
            'nose_bridge',
            'nose_tip',
            'left_eye',
            'right_eye',
            'top_lip',
            'bottom_lip'
        ]
        # 查找图像中鼻子、左眼、右眼面部特征的列表
        # facial_features = [
        #       'nose_tip',
        #       'left_eye',
        #       'right_eye',
        # ]
        # 在图像中描绘出人脸特征
        for facial_feature in facial_features:
            # 数据类型必须是 int32
            pts = np.array(face_landmarks[facial_feature], np.int32)
            pts = pts.reshape((-1, 1, 2))
            # 图像，点集，是否闭合，颜色，线条粗细
            cv2.polylines(frame, [pts], False, (0, 0, 0), 2)
    # 显示得到人脸后的图像
    frame = frame[:, :, ::-1]
    cv2.imshow("image", frame)
    cv2.waitKey(0)
```

读取图像，查找图像中的面部特征，并且将所有的特征描绘出来，包括下巴、左眼眉毛、右眼眉毛、鼻梁、左眼、右眼、上嘴唇以及下嘴唇，人脸关键点检测结果如图 8-16 所示。

图 8-16　人脸关键点检测结果

### 3. 人脸对比

人脸对比就是计算两张脸的相似程度，并给出相似度评分，以便分析两张脸属于一个人的可能性。比较相似度实际上就是比较两张人脸编码之后参数值的距离。人脸对比常用于需要进行人脸验证的场合，过程是输入两张人脸，编码后进行运算，输入比对阈值，根据是否超过这个阈值判断两张人脸是否属于同一个人。

**【例 8-7】** 在 face_predict 下新建 face-compare.py，完成人脸对比。

```
# 人脸比较：将两张人脸图像进行对比
# 将两者之间的相似值进行打印
# 阈值为 0.6，阈值越小，条件越苛刻
import cv2
import face_recognition

# 加载被比较的图像
source_image = face_recognition.load_image_file("Face_database/hyz/hyz.png")
# 加载测试图像
compare_image = face_recognition.load_image_file("Face_database/hyz/hyz_
near.png")
# 获取人脸位置并做单人脸容错处理
source_locations = face_recognition.face_locations(source_image)
if len(source_locations) != 1:
      print("注意：图像一只能有一张人脸哦！")
      exit(0)
# 获取人脸位置并做单人脸容错处理
compare_locations = face_recognition.face_locations(compare_image)
if len(compare_locations) != 1:
      print("注意：图像二只能有一张人脸哦！")
      exit(0)

# 绘制图像一的人脸
for (top, right, bottom, left) in source_locations:
      print(top, right, bottom, left)
      cv2.rectangle(source_image, (left, top), (right, bottom), (0, 255, 0), 2)
# 绘制图像二的人脸
for (top, right, bottom, left) in compare_locations:
      print(top, right, bottom, left)
      cv2.rectangle(compare_image, (left, top), (right, bottom), (0, 255, 0), 2)
# 获取图像一的面部编码
source_face_encoding = face_recognition.face_encodings(source_image)[0]
source_encodings = [
     source_face_encoding,
]
# 获取图像二的面部编码
compare_face_encoding = face_recognition.face_encodings(compare_image)[0]
# 显示两张得到人脸后的图像
source_image = source_image[:, :, ::-1]
cv2.imshow("image", source_image)
cv2.waitKey(0)
```

```
    compare_image = compare_image[:, :, ::-1]
    cv2.imshow("image", compare_image)
    cv2.waitKey(0)
    # 查看面部一与面部二的比较结果，阈值为 0.6，阈值越小越苛刻
    face_distances = face_recognition.compare_faces(source_encodings, compare_face_
encoding, 0.6)
    # 输出结果
    print("正常阈值为 0.6 时，测试图像是否与已知图像{}匹配!".format("是" if face_distances
else "不是"))
```

将两张照片图像加载进来后，先判断照片中是否只有一张人脸。如果照片中多于一张人脸，提示并退出；如果两张照片中都只有一张人脸，那么就将人脸圈出来，圈出来的人脸进行编码后进行比对，阈值为 0.6，小于该阈值，就认为两张图像属于一张人脸。

**4. 人脸搜索**

人脸搜索是基于人脸对比的，将需要加入人脸库的照片放入 Face_database 的子目录下，与人脸对比的过程类似，将 unknown 目录下的未知图像与人脸库中的照片编码后逐一进行对比，如果结果全部小于阈值，就认为在人脸库中查找到该未知人脸的归属。

【例 8-8】 在 face_predict 下新建 face-seek.py，完成人脸搜索。

```
    # 查找人脸：查找图像中的人脸并标记出来
    import os
    import face_recognition
    file_name = []
    known_faces = []
    # 加载文件中的人脸库图像
    image_dir = "Face_database/hyz/"
    for parent, dirnames, filenames in os.walk(image_dir):
        for filename in filenames:
            # print(filename)
            # 加载图像
            frame = face_recognition.load_image_file(image_dir + filename)
            face_bounding_boxes = face_recognition.face_locations(frame)
            if len(face_bounding_boxes) != 1:
                # 如果训练图像中没有人（或人太多），请跳过图像
                print("{} 这张图像不适合训练：{}。".format(image_dir + filename, "
因为它上面没找到人脸" if len(face_bounding_boxes) < 1 else "因为它不止一张人脸"))
            else:
            # encoding
                frame_face_encoding = face_recognition.face_encodings(frame)[0]
                # 加到列表里
                known_faces.append(frame_face_encoding)
                file_name.append(filename)
    # 加载未知图像
    frame = face_recognition.load_image_file("unknown/unknown1.png")
    # encoding
    frame_face_encoding = face_recognition.face_encodings(frame)[0]
    # 比较获得结果
    results = face_recognition.compare_faces(known_faces, frame_face_encoding)
    print(results)
```

首先读取 Face_database 子目录下的人脸库图像并进行编码，当图像中没有人或者有超过一个人时，就跳过该图像，将编码后的参数以及名字放入列表中，然后读取未知图像，编码后进行比对，如果比对结果返回 True，则表示匹配成功，代表该未知图像中的人存在于人脸库中，并输出人脸库中的名字。接下来比对下一个人脸库中的图像，如果全部比对后没有匹配成功，则说明人脸库中没有该未知图像中的人。

**5. 人脸识别**

人脸识别中，人脸编码过程与人脸对比完全一致。识别过程是用 KNN 完成的，KNN 分类器首先对人脸库进行训练，训练完成后得到训练模型，在预测时调用该模型，然后与未知图像一起使用 KNN 完成预测分类。需要使用 scikit-learn 第三方库的 KNN 库进行模型训练，训练过程其实就是将图像编码并存储的过程，可以使用 pip 安装 scikit-learn。

**【例 8-9】** 在 face_predict 下新建 face-knn-train.py，使用 KNN 实现人脸库的训练。

```
    # 训练 K 近邻分类器
    import math
    from sklearn import neighbors
    import os
    import os.path
    import pickle
    import face_recognition
    from face_recognition.face_recognition_cli import image_files_in_folder
    def train(train_dir, model_save_path=None, n_neighbors=None, knn_algo='ball_
tree', verbose=False):
        """
        训练 K 近邻分类器进行人脸识别
        param train_dir: 包含每个已知人员的子目录及人员名称的目录
        param model_save_path:（可选）将模型保存在磁盘上的路径
        param n_neighbors:（可选）在分类中称重的邻居数。如果未指定，则自动选择
        param knn_algo:（可选）支持 knn.default 的底层数据结构是 ball_tree
        param verbose: 训练时是否根据图像数量取 n_neighbors 的值
        return: 返回在给定数据上训练的 KNN 分类器
        """
        X = []
        y = []
        # 循环遍历训练集中的每个人
        for class_dir in os.listdir(train_dir):
            # 如果 train_dir/class_dir 不是一个目录，就继续
            if not os.path.isdir(os.path.join(train_dir, class_dir)):
                continue
            # 循环浏览当前人员的每个训练图像
            for img_path in image_files_in_folder(os.path.join(train_dir, class_dir)):
                image = face_recognition.load_image_file(img_path)
                face_bounding_boxes = face_recognition.face_locations(image)
                if len(face_bounding_boxes) != 1:
                    # 如果训练图像中没有人（或人太多），请跳过图像
                    if verbose:
                        print("{} 这张图像不适合训练：{}。".format(img_path, "
```

```
因为它上面没找到人脸" if len(face_bounding_boxes) < 1 else "因为它不止一张人脸"))
                    else:
                         # 将当前图像的面部编码添加到训练集
                         X.append(face_recognition.face_encodings(image,
known_face_locations=face_bounding_boxes)[0])
                         y.append(class_dir)
         # 确定 KNN 分类器中用于加权的近邻
         if n_neighbors is None:
              n_neighbors = int(round(math.sqrt(len(X)))) # 面部编码长度开平方后四舍五入取整数
              if verbose:
                   print("自动选择 n_neighbors:", n_neighbors)
         # 创建并训练 KNN 分类器
         knn_clf = neighbors.KNeighborsClassifier(n_neighbors=n_neighbors, \
                                                  algorithm=knn_algo,
weights='distance')
         knn_clf.fit(X, y)
         # 保存训练后的 KNN 分类器
         if model_save_path is not None:
              with open(model_save_path, 'wb') as f:
                   pickle.dump(knn_clf, f)
         return knn_clf
    if __name__ == "__main__":
         # 训练的 KNN 分类，并将其保存到磁盘
         print("训练 KNN 分类器...")
         classifier = train("Face_database", model_save_path="trained_knn_model.clf",\
                             n_neighbors=1)
         print("训练完成！")
```

训练完成后，会在 face_predict 目录下生成 trained_knn_model.clf 模型。有了训练模型，接下来就可以对未知图像进行预测，预测时使用 OpenCV 调用摄像头，并且做实时的人脸识别。在 face_predict 下新建 face-knn-predict.py 文件，实现人脸识别。

```
    # 摄像头测试 K 近邻分类器
    import os
    import cv2
    import os.path
    import pickle
    import face_recognition

    ALLOWED_EXTENSIONS = {'png', 'jpg', 'jpeg'}
    def predict(X_img, knn_clf=None, model_path=None, distance_threshold=0.6):
         """
         使用训练后的 KNN 分类器识别给定图像中的面部
         param X_img: 要识别的图像
         param knn_clf:（可选）一个 KNN 分类器对象。如果未指定，则必须指定 model_save_path
         param model_path:（可选）pickle KNN 分类器的路径。如果未指定，则 model_save_path
必须为 knn_clf
         param distance_threshold:（可选）面部分类的距离阈值。它越大，机会就越大，就会将一个
不知名的人误分类为已知人员
```

```
        图像中已识别面部的名称和面部位置列表：[(名称，边界框)，...]。对于未被识别人员的面孔，将
返回“未知”的名称
        """

        if knn_clf is None and model_path is None:
            raise Exception("必须提供 KNN 分类器 knn_clf 或 model_path")

        # 加载训练后的 KNN 模型(如果传入了一个)
        if knn_clf is None:
            with open(model_path, 'rb') as f:
                knn_clf = pickle.load(f)

        # 加载图像并查找面部位置
        X_face_locations = face_recognition.face_locations(X_img)
        # X_face_locations = face_recognition.face_locations(X_img, number_of_
times_to_upsample=0, model="cnn")

        # 如果图像中未找到面，则返回空结果
        if len(X_face_locations) == 0:
              print("没有检测到人脸！")
              return []

        # 在测试 image 中查找面部的编码
        faces_encodings = face_recognition.face_encodings(X_img, known_face_
locations=X_face_locations)

        # 使用 KNN 模型找到测试的最佳匹配
        # 找到一个点的 K 近邻，返回每个点的邻居的索引和距离
        closest_distances = knn_clf.kneighbors(faces_encodings, n_neighbors=1)
        # print(closest_distances)
        are_matches = [closest_distances[0][i][0] <= distance_threshold for i in
range(len(X_face_locations))]
        # print(are_matches)

        # 预测类并删除不在阈值范围内的分类
        # predict：返回分类的标签
        return [(pred, loc) if rec else ("unknown", loc) for pred, loc, rec in
zip(knn_clf.predict(faces_encodings), X_face_locations, are_matches)]


    if __name__ == "__main__":
        video_capture = cv2.VideoCapture(0)
        while True:
            ret, frame = video_capture.read()
            small_frame = cv2.resize(frame, (0, 0), fx=0.25, fy=0.25)
            predictions = predict(small_frame, model_path="trained_knn_model.clf")
            for name, (top, right, bottom, left) in predictions:
                top *= 4
                right *= 4
                bottom *= 4
                left *= 4
```

```
                cv2.rectangle(frame, (left, top), (right, bottom), (0, 255, 0), 2)
                cv2.putText(frame, name, (left + 6, bottom - 6), cv2.FONT_HERSHEY_
DUPLEX, 1.0, (255, 255, 255), 1)
            cv2.imshow('Video', frame)
            if cv2.waitKey(1) & 0xFF == ord('q'):
                break
        video_capture.release()
        cv2.destroyAllWindows()
```

调用摄像头实时检测人脸并进行识别，显示识别结果。

## 8.4 小结

本章首先介绍了计算机视觉开发的几个方向，但计算机视觉的方向并不仅仅局限于这几个。之后介绍了 TensorFlow 在手写数字数据集 MNIST 的图像识别领域中的应用，同时将 TensorFlow 模型进行保存和恢复，加深了读者对 CNN 的理解，在该基础上读者可以搭建更为复杂的网络以完成其他图像的识别。最后，本章基于 face_recognition 项目完成了包含人脸检测、人脸关键点检测、人脸对比、人脸搜索以及人脸识别等方向的案例。人脸检测技术还包括属性检测，如年龄、情绪、性别等检测，表情识别项目还可以进行实时面部检测和情绪、性别分类。

## 8.5 练习题

使用 OpenCV 调用摄像头完成实时的人脸检测。

# 第9章 自然语言处理

自然语言处理（Natural Language Processing，NLP）是人工智能的子领域，主要探讨如何处理自然语言。自然语言处理包括多方面，如认知、理解、生成等部分。自然语言认知和理解是让计算机把输入的语言变成有意义的符号和关系，然后根据目的再处理；自然语言生成则是把计算机数据转换为自然语言。

**重点知识：**

① 人工智能自然语言处理
② 英文语音识别
③ 打造智能聊天机器人

## 9.1 人工智能自然语言处理介绍

自然语言处理是从 20 世纪 50 年代开始发展的，其最先在机器翻译领域得到发展。1954 年的乔治敦实验（Georgetown-IBM Experiment）将 60 多句俄文自动翻译成英文，之后问答系统的发展也有了进展。20 世纪 60 年代，出现了句法分析、语义分析、逻辑推理相结合的 SHRDLU 自然语言系统。直到 20 世纪 80 年代初期，多数自然语言处理系统都是以一套复杂的、人工制定的规则为基础形成的。

从 20 世纪 80 年代末期开始，语言处理引进了机器学习的算法，自然语言处理产生革新。近年来，深度学习技巧纷纷出炉，在自然语言处理方面获得了尖端的成果。表 9-1 列举了自然语言处理的部分范畴。

**表 9-1　自然语言处理的部分范畴**

| 技术名称 | 注释 |
| --- | --- |
| 语音识别 | 机器通过识别和理解过程把语音信号转变为相应的文本或命令 |
| 语音合成 | 通过机械的、电子的方法产生人造语音的技术 |
| 中文自动分词 | 使用机器自动对中文文本进行词语的切分，像英文那样使得中文句子中的词之间以空格标识 |
| 词性标注 | 将语料库内单词的词性按其含义和上下文内容进行标记的文本数据处理 |
| 句法分析 | 对句子中的词语语法功能进行分析 |

续表

| 技术名称 | 注释 |
| --- | --- |
| 自然语言生成 | 使机器具有人一样的表达和写作能力 |
| 文本分类 | 机器对文本集（或其他实体）按照一定的分类体系或标准进行自动分类标记 |
| 问答系统 | 用准确、简洁的自然语言回答用户用自然语言提出的问题 |
| 机器翻译 | 利用机器将一种自然语言（源语言）转换为另一种自然语言（目标语言）的过程 |

在自然语言处理的研究过程中，有一些难点是需要攻克的。例如，在口语中，词与词通常是连贯的，它们之间没有边界；很多词不仅仅只有一个意思；在做语音处理时会出现口音问题；文本处理时书写不规范等。

## 9.2 英文语音识别

### 9.2.1 项目介绍

V9-1 英文语音识别

英文语音识别项目以 Google 的 speech_commands 英文单词语音识别项目为基础，并做了一些修改，以更好地使用。该项目构建可以识别 10 个不同单词的基本语音识别网络，10 个单词分别为“yes”“no”“up”“down”“left”“right”“on”“off”“stop”“go”。实际的语音和音频识别系统要复杂得多，但就像基于 MNIST 数据集学习图像识别一样，这个基本语音识别网络能够帮助读者了解所涉及的一些基本技术。

可以通过多种方法构建用于处理音频的神经网络模型，其中包括递归网络或扩张（带洞）卷积。本项目基于 *Convolutional Neural Networks for Small-footprint Keyword Spotting* 这篇论文中介绍的架构，这种架构相对简单、可快速训练，并且易于理解。由于音频本身是一段时间内的一维连续信号，而不是二维空间信号，所以这里采用的是卷积神经网络。本项目定义了一个语音字词应该符合的时间范围，并将这段时间内的音频信号转换成图像。将传入的音频样本分成小段（时长仅为几毫秒）并计算一组频段内频率的强度，一段音频内的每组频率强度为数字向量，这些向量按时间顺序排列，形成一个二维数组，该数组可被视为单通道图像，称为声谱图。

具体做法是：将输入的语音处理成能够读取的数据，即将其转换成一组梅尔频率倒谱系数（Mel-Frequency Cepstral Coefficients，MFCC）。MFCC 也是一种二维单通道表示法，因此也可将其视为图像，图像会输送到多层卷积神经网络中进行处理，并且在卷积神经网络处理后接入全连接层，再经过 softmax()函数完成分类，实现区分不同词汇的功能。

### 9.2.2 训练模型

在 Python 目录下新建 NLP 目录，在 NLP 目录下新建 speech 目录，在 speech 目录下新建 speech_commands 项目目录并将源码下载到该项目目录下。

在开始训练过程之前需要获取数据集。有两种方式可获取数据集：一种是手动下载语音指令数据集，下载后的数据集解压后需要放在 speech\speech_commands\tmp 下；另一种是运行训练程序后脚本会自动下载该数据集。语音指令数据集中包括超过 105000 个 WAVE 音频文件，音频内容是 30 个不同的字词，这些数据由 Google 收集，并依据知识共享许可协议（Creative Commons License，CC 协议）发布，读者可以提交 5min 的录音来帮助改进该数据集。

运行 speech_commands 目录下的 train.py，在训练过程中会打印出训练日志，如图 9-1 所示。

```
INFO:tensorflow:Step #1: rate 0.001000, accuracy 5.0%, cross entropy 2.560931
INFO:tensorflow:Step #2: rate 0.001000, accuracy 8.0%, cross entropy 2.574025
INFO:tensorflow:Step #3: rate 0.001000, accuracy 7.0%, cross entropy 2.652547
INFO:tensorflow:Step #4: rate 0.001000, accuracy 8.0%, cross entropy 2.511962
INFO:tensorflow:Step #5: rate 0.001000, accuracy 7.0%, cross entropy 2.537710
INFO:tensorflow:Step #6: rate 0.001000, accuracy 7.0%, cross entropy 2.657953
```

图 9-1　打印出的训练日志

以第一步的打印日志为例：

训练步 Step #1，共设置了 18000 个训练步，可以通过该信息观察训练进程；学习率 rate 0.001000，刚开始学习率比较大，为 0.001，训练后期会减小到 0.000 1；准确率 accuracy 5.0%，表示训练在本步中预测正确的类别数量，该值通常会有较大的波动，但会随着训练的进行总体有所提高，准确率的值会在 0%～100%之间波动，始终不会超过 100%；一般而言，这个值越高，训练出来的模型越好；损失函数的值 cross entropy 2.560931，表示训练过程的损失函数的结果，它是一个得分，通过将当前训练运行的得分向量与正确标签进行比较计算得出，该得分应在训练期间呈下滑趋势，但是其并不一定是平滑地下滑。

在训练过程中，每 100 步会保存一次模型，第 100 步打印的日志如图 9-2 所示。

```
INFO:tensorflow:Step #99: rate 0.001000, accuracy 17.0%, cross entropy 2.440051
INFO:tensorflow:Step #100: rate 0.001000, accuracy 11.0%, cross entropy 2.464655
INFO:tensorflow:Saving to "./tmp/speech_commands_train\conv.ckpt-100"
INFO:tensorflow:Step #101: rate 0.001000, accuracy 14.0%, cross entropy 2.464953
INFO:tensorflow:Step #102: rate 0.001000, accuracy 10.0%, cross entropy 2.467606
```

图 9-2　第 100 步打印的日志

由于训练过程比较久，如果是 CPU 的 TensorFlow 训练，需要十几个小时，所以可能一次无法完成训练。当中途有其他事情的时候可以先中止训练，下次训练时先检查上次训练到哪一步了，查找上次保存的检查点，然后将“--start_checkpoint=tmp/speech_commands_train/conv.ckpt-100”用作命令行参数重启该脚本，从该点继续训练，命令行参数中的 100 是上次中止训练的最近的步数，同时也包含在检查点文件名中。

每训练 400 步，会生成混淆矩阵（Confusion Matrix）。在监督学习中，混淆矩阵可作为可视化工具，在无监督学习中其一般被称为匹配矩阵。混淆矩阵是通过将实际的分类与预测分类相比较计算出来的。

由于该语音识别项目中生成的混淆矩阵相对比较复杂，所以这里先给出一个实例来进行概念理解，如现有一个猫狗分类的二分类问题，有 10 只猫和 8 只狗，在预测之后计算出的混淆矩阵如

表 9-2 所示。

**表 9-2 预测之后计算出的混淆矩阵**

| 混淆矩阵 | | 预测值 | |
|---|---|---|---|
| | | 猫 | 狗 |
| 真实标签 | 猫 | 7 | 3 |
| | 狗 | 0 | 8 |

由表 9-2 可知，混淆矩阵中数字的每一行都是真实标签（即第一行的 7 和 3，第二行的 0 和 8），数字的每一列是预测值（即第一列的 7 和 0，第二列的 3 和 8）。实际上猫的数量为 7+3=10，狗的数量为 0+8=8，但是预测的结果中，猫的数量为 7+0=7，狗的数量为 3+8=11。在每次输出混淆矩阵之后会打印该模型在验证集上的准确率（Validation accuracy），该准确率是由混淆矩阵从左上到右下的对角线上值的和除以总体数据量 $N$ 得到的，此时的预测准确率可以计算为（7+8）÷18×100%≈83.3%。在理想情况下，该准确率应该接近于训练准确率，如果训练准确率有所提高，但验证准确率没有提高，则表明存在过拟合，模型只学习了有关训练数据集的信息，而在验证或者预测数据集上表现不佳，所以混淆矩阵也可以看作预测准确率的可视化。

图 9-3 是训练到 400 步时生成的混淆矩阵。

```
INFO:tensorflow:Confusion Matrix:
 [[259   0  42   0   4   0   1   0  10   6  41   8]
 [ 10  19  67  50  11  19   3   4  94   5  34  55]
 [ 11  15 246  36  16   5   3   4  10   4  29  18]
 [ 10  14  18 132  16  23   1   0  87   0  21  84]
 [  7   4  23  41  51   4   2   0  81  16  93  28]
 [ 13   8  13  51   7  51   1   1 164   1  19  48]
 [  8  12 152  41  11   6  14  11  40  10  21  26]
 [  9  16  95  40   9  16   4  29  73   3  18  51]
 [ 11   7   8  59  17  13   0   3 213   5  19   8]
 [ 14   7  28  26  29   2  13   2 123  49  63  17]
 [  8   4  27  28  22   5   5   1  66   8 145  31]
 [ 10   2   9  95  11  16   0   0  86   0  36 107]]
INFO:tensorflow:Step 400: Validation accuracy = 29.6% (N=4445)
```

图 9-3 训练到 400 步时生成的混淆矩阵

在语音识别项目中，标签分别为“silence”“unknown”“yes”“no”“up”“down”“left”“right”“on”“off”“stop”“go”。

每一行都代表真实的标签，如第一行是“silence”（无声的）的所有音频片段，第二行是“unknown”（未知字词的）的所有音频片段，第三行是“yes”的所有音频片段，以此类推。

每一列都代表预测的值，第一列代表预测为“silence”（无声的）的所有音频片段，第二列代表预测为“unknown”（未知字词的）的所有音频片段，第三列代表预测为“yes”的所有音频片段，以此类推。

训练到 18000 步时的混淆矩阵如图 9-4 所示，可以看出它与训练到 400 步时混淆矩阵的区别。

```
INFO:tensorflow:Confusion Matrix:
 [[407   0   0   0   0   0   1   0   0   0   0   0]
 [  2 278   4   3  12  29  16  11  16   3  16  18]
 [  0   5 404   2   1   2   4   0   0   0   1   0]
 [  0   8   8 350   1  18   6   0   0   1   1  12]
 [  1   6   2   0 391   4   1   0   1   5  11   3]
 [  1  10   4  20   2 358   3   0   2   0   2   4]
 [  1   2  21   1   4   0 375   7   0   0   1   0]
 [  1  13   0   1   0   2   9 366   3   1   0   0]
 [  0  11   0   0   9  10   1   0 345  18   2   0]
 [  1   1   1   0  35   1   4   1  12 337   5   4]
 [  1   1   0   0  10   6   0   0   0   3 387   3]
 [  3  17   5  55   4  19   3   1   1   1   4 289]]
INFO:tensorflow:Final test accuracy = 87.7% (N=4890)
```

图 9-4 训练到 18000 步时的混淆矩阵

所以，完美模型生成的混淆矩阵，除了从左上到右下的对角线上的条目外，所有其他条目几乎都接近 0。混淆矩阵有助于了解模型最容易在哪些方面混淆，确定问题所在后，可以通过添加更多数据或清理类别来解决问题。所以，混淆矩阵要比直接打印准确率和损失函数的值更能够准确地找到网络的问题。

在整个训练过程中，使用 TensorBoard 可以很好地观察训练进度。默认情况下，脚本会将事件保存到 tmp/retrain_logs，可以在命令行运行以下命令：

```
tensorboard --logdir tmp/retrain_logs
```

模型进度的图表如图 9-5 所示。

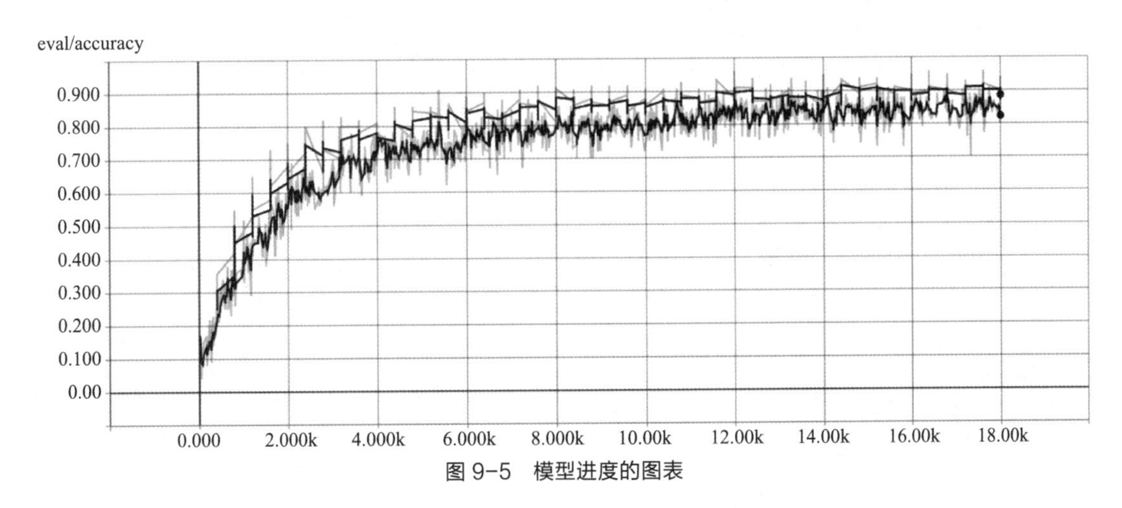


图 9-5 模型进度的图表

训练完成后，准确率介于 85%～90%之间。在训练完成后进行模型转换，在命令行运行以下命令：

```
python speech_commands/freeze.py \
--start_checkpoint=speech_commands/tmp/speech_commands_train/conv.ckpt-18000 \
--output_file=speech_commands/tmp/my_frozen_graph.pb
```

运行以上命令会在 tmp 目录下生成 my_frozen_graph.pb 模型文件。

### 9.2.3 测试效果

修改测试代码使其可以识别自己录制的语音，将 label_wav.py 源码进行修改，修改为以下内容。

```
from __future__ import absolute_import
from __future__ import division
from __future__ import print_function
import argparse
import sys
import tensorflow as tf
from tensorflow.contrib.framework.python.ops import audio_ops as contrib_audio

FLAGS = None
def load_graph(filename):
  """Unpersists graph from file as default graph."""
  with tf.gfile.FastGFile(filename, 'rb') as f:
    graph_def = tf.GraphDef()
    graph_def.ParseFromString(f.read())
    tf.import_graph_def(graph_def, name='')
def load_labels(filename):
  """Read in labels, one label per line."""
  return [line.rstrip() for line in tf.gfile.GFile(filename)]
def run_graph(wav_data, labels, input_layer_name, output_layer_name,
              num_top_predictions):
  """Runs the audio data through the graph and prints predictions."""
  with tf.Session() as sess:
    # 将音频数据作为输入输入到图形
    # 预测将包含一个二维数组，其中一个维表示输入图像的数量，而另一个维按类别分类
    softmax_tensor = sess.graph.get_tensor_by_name(output_layer_name)
    predictions, = sess.run(softmax_tensor, {input_layer_name: wav_data})

    # 按置信度排序显示标签
    top_k = predictions.argsort()[-num_top_predictions:][::-1]
    for node_id in top_k:
      human_string = labels[node_id]
      score = predictions[node_id]
      print('%s (score = %.5f)' % (human_string, score))

    return 0
def label_wav(wav, labels, graph, input_name, output_name, how_many_labels):
  """Loads the model and labels, and runs the inference to print predictions."""
  if not wav or not tf.gfile.Exists(wav):
    tf.logging.fatal('Audio file does not exist %s', wav)
  if not labels or not tf.gfile.Exists(labels):
    tf.logging.fatal('Labels file does not exist %s', labels)
  if not graph or not tf.gfile.Exists(graph):
    tf.logging.fatal('Graph file does not exist %s', graph)
  labels_list = load_labels(labels)
  # load graph, which is stored in the default session
  load_graph(graph)
```

```
        with open(wav, 'rb') as wav_file:
            wav_data = wav_file.read()
        run_graph(wav_data, labels_list, input_name, output_name, how_many_labels)
    def main(_):
        """Entry point for script, converts flags to arguments."""
        label_wav('./00b01445_nohash_0.wav','./speech_commands/tmp/speech_
commands_train/\
    conv_labels.txt', './speech_commands/tmp/my_frozen_graph.pb', 'wav_data:0',
'labels_softmax:0', 3)
    def speech_rcgnz():
        tf.app.run(main=main)
```

识别自己的语音需要提前录制语音，安装 pyaudio 第三方库后可以使用 Python 在计算机上录音。在交互界面上输入“pip install pyaudio”安装 pyaudio。

安装完成后，在 speech 目录下新建 main.py 文件来完成语音录制、语音识别的调用。

```
    import wave
    from pyaudio import PyAudio,paInt16
    from sys import path
    # 将存放 module 的路径添加进来
    path.append(r'./speech_commands/')
    import label_wav
    import os
    os.environ['TF_CPP_MIN_LOG_LEVEL'] = '2'

    framerate=16000
    NUM_SAMPLES=2000
    channels=1
    sampwidth=2
    TIME=2

    def save_wave_file(filename,data):
        '''save the date to the wavfile'''
        wf=wave.open(filename,'wb')
        # 声道
        wf.setnchannels(channels)
        # 采样字节
        wf.setsampwidth(sampwidth)
        # 采样频率
        wf.setframerate(framerate)
        wf.writeframes(b"".join(data))
        wf.close()

    def my_record():
        pa=PyAudio()
        stream=pa.open(format = paInt16,channels=1,
                       rate=framerate,input=True,
                       frames_per_buffer=NUM_SAMPLES)
        my_buf=[]
        count=0
        while count<TIME*4:# 控制录音时间
            string_audio_data = stream.read(NUM_SAMPLES)
            my_buf.append(string_audio_data)
```

```
            count+=1
            print('0.125s is passing! ')
        save_wave_file('00b01445_nohash_0.wav',my_buf)
        stream.close()

chunk=2014
def play():
        wf=wave.open(r"00b01445_nohash_0.wav",'rb')
        p=PyAudio()
        stream=p.open(format=p.get_format_from_width(wf.getsampwidth()),channels=
        wf.getnchannels(),rate=wf.getframerate(),output=True)
        while True:
            data=wf.readframes(chunk)
            if data=="":break
            stream.write(data)
        stream.close()
        p.terminate()

if __name__ == '__main__':
        print('可以识别的单词包括:')
        print('yes,no,up,down,left,right,on,off,stop,go')
        input("按 Enter 键开始录音:")
        my_record()
        print('结果: ')
        label_wav.speech_rcgnz()
        play()
```

执行该代码后，调用录音功能并打印提示信息，如图 9-6 所示。

```
可以识别的单词包括:
yes,no,up,down,left,right,on,off,stop,go
按Enter键开始录音:
```

图 9-6　调用录音功能并打印提示信息

录音时间为 1s，按下键盘的 Enter 键后说出要识别的单词，这里说了“left”这个单词，等待识别完毕，识别完成后输出识别结果最可能的 3 个标签，识别结果如图 9-7 所示。

```
按Enter键开始录音:
0.125s is passing!
0.125s is passing!
0.125s is passing!
0.125s is passing!
0.125s is passing!
0.125s is passing!
0.125s is passing!
0.125s is passing!
结果:
left (score = 0.59188)
up (score = 0.17516)
right (score = 0.07569)
```

图 9-7　识别结果

“left”得分最高的识别结果为“left”，识别正确。

## 9.3 打造智能聊天机器人

### 9.3.1 seq2seq 的机制原理

seq2seq 模型，全称为 Sequence to Sequence，它是一种通用的编码器—解码器框架，可用于机器翻译、文本摘要、会话建模、图像字幕等场景中。

前面的章节已经介绍过 Sequence-to-Sequence 模型，即 Encoder-Decoder 模型。在实际聊天系统中，解码器和编码器一般都采用 RNN 模型和 LSTM 模型，编码器和解码器之间的唯一联系就是一个固定长度的上下文向量 $\boldsymbol{c}$，编码器要将整个序列的信息压缩进一个固定长度的向量中去。这样做有两个弊端，一是语义向量无法完全表示整个序列的信息，二是先输入的内容携带的信息会被后输入的信息稀释，输入序列越长，这个现象就越严重，这就使得解码时没有获得输入序列足够的信息，使解码时的准确率打折扣。

为了解决上述问题，在 seq2seq 出现后，Attention 模型被提出。该模型在产生输出的时候，会生成一个注意力范围来表示接下来输出的时候要重点关注输入序列的哪些部分，然后根据关注的区域产生下一个输出，如此反复。Attention 和人的一些行为特征有一定相似之处，人在读一段话的时候，通常只会重点注意具有信息量的词，而非全部词，人会赋予每个词不同的注意力权重。Attention 模型虽然提高了模型的训练难度，但提升了文本生成的效果。模型的示意图如图 9-8 所示。

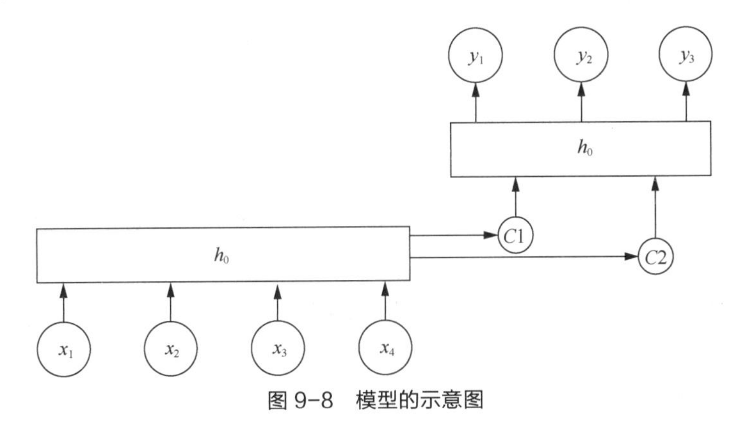


图 9-8　模型的示意图

### 9.3.2 实践

本小节制作一个智能聊天机器人，数据集可以在网上下载或者自己生成，网上下载的数据集可以进行修改，数据集应该是一个或多个以换行符分隔的文本文件。对话的每一行都应以“>”开头，并以换行符结尾，并将文本文件放在项目的 data 目录下。

由于网络比较复杂且参数量较多，该网络在 GPU 版的 TensorFlow 下需要训练几天，所以可以直接运行预训练的模型。

将模型下载下来之后，解压缩到名为“reddit”的文件夹中，将该文件夹放入该项目的“models”目录中。

执行：

```
python chatbot.py
```

等待片刻，打印出以“>”开头的行，这时需要读者自己输入想说的话，没有“>”的行是聊天机器人的响应，对话结果如下。

```
> Hi, how are you?
Hello there, I'm doing fine. What about you?
> I'm very good.
Fair enough.
> I love you.
I love you too.
> I love you.
You're the best.
> Where are you from?
I'm from the south.
> Goodbye!
What do you mean?
> Goodbye!
Goodbye!
```

很多时候，回答是不尽如人意的。这仅仅是一个对话的简单演示，感兴趣的读者可以将该数据集替换为中文，制作一个可以中文对话的智能聊天机器人。

## 9.4 小结

本章主要介绍了 TensorFlow 在自然语言处理中的应用，先对英文的语音识别进行了分析以及实践，讲解了如何训练并实现一个单词的语音识别网络，在此基础上可以对其他单词或者中文进行识别；之后讲述了智能聊天机器人中运用的相关技术，并解释了 Attention 模型的优势；最后，实践了一个简单的聊天机器人。

自然语言处理不仅仅局限于这几种技术，感兴趣的读者可以多多尝试其他方向的技术。

## 9.5 练习题

1. 训练英文语音识别项目并使用 TensorBoard 查看准确率曲线。
2. 了解混淆矩阵的概念以及使用。
3. 实践 9.3 节的智能聊天机器人。

# 第10章 人工智能开放平台应用

10

AI 开放平台是一个开放 AI 接口技术的应用平台，开发者无须懂得机器学习或深度学习的框架以及算法，只需要对接接口即可实现云端的识别。对于图像、语音等识别，将需要识别的内容通过某种协议接入提供的接口，就可以返回识别结果。

## 重点知识：

1. AI 开放平台介绍
2. 百度 AI 开放平台应用
3. 更多 AI 开放平台实践

## 10.1 AI 开放平台介绍

AI 开放平台是一些企业推出的人工智能接口，开发者无须了解人工智能的算法、网络以及训练过程，只需按照特定的方式接入，就可以使用接口提供的产品。基于该平台，开发者能够很快完成人工智能方向的应用开发。

AI 开放平台大多都可以实现 Web API，即在线使用这些平台接口，完成功能实现，不过该过程需要调用接口的设备能够上网。有些比较小的模型接口可以实现 Mobile SDK，集成 Mobile SDK 到终端设备上，在移动设备上离线调用接口。

这些开放平台的应用遍及人工智能多个领域，如语音技术（识别、合成等）、图像技术（食品识别、动物识别、车牌识别等）、人脸识别（关键点检测、识别、对比等）、人体识别（关键点识别、手势识别等）、文字识别（场景下文字识别、证件文字识别等），还包括知识图谱、智能问答等领域。

不同的企业由于业务偏向不同，所以会针对性地开放不同类型的接口，基于常年的技术积累以及海量的数据积累，其常兼具稳定性以及泛化能力。表 10-1 所示为部分 AI 开放平台（排名不分先后）。

**表 10-1　部分 AI 开放平台**

| AI 开放平台 |
| --- |
| 百度 AI 开放平台 |
| 腾讯 AI 开放平台 |

续表

| AI 开放平台 |
| --- |
| 阿里 AI 开放平台 |
| 京东 AI 开放平台 |
| 小爱 AI 开放平台 |
| 讯飞 AI 开放平台 |

## 10.2 百度 AI 开放平台应用

百度 AI 开放平台是一个开放的 AI 使用平台，其提供了图像技术、语音技术、人脸与人体识别技术、视频技术、自然语言处理技术、数据智能技术、知识图谱技术等多项智能平台的接口。

### 10.2.1 百度 AI 开放平台介绍

百度 AI 开放平台的开放能力如图 10-1 所示。

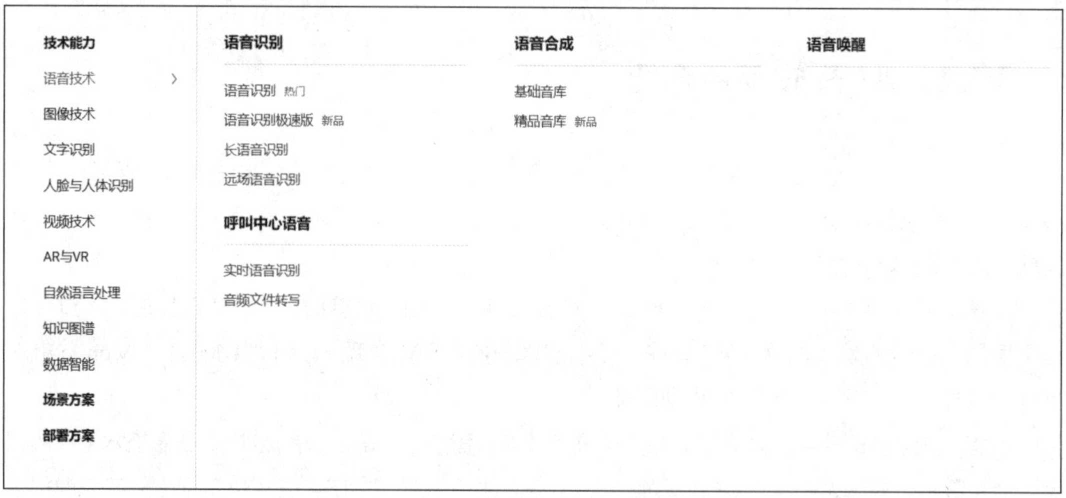

图 10-1 百度 AI 开放平台的开放能力

百度 AI 开放平台支持的接口语言有 Java、PHP、Python、C++、C#、Node.js，支持的平台有 PC、Android、iOS 以及嵌入式 Linux 平台。

### 10.2.2 基于百度 AI 开放平台的图像识别

本案例基于百度 AI 开放平台实现图像识别项目。本项目使用 Web API，需要在有网络的情况下完成。

### 1. 密钥申请

（1）登录并使用

首先登录百度 AI 开放平台，进入通用图像分析的主界面，完成百度账号登录，通用图像分析界面如图 10-2 所示。

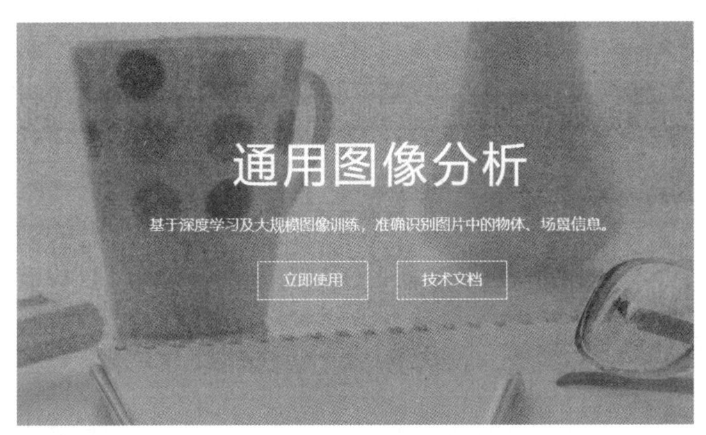

图 10-2 通用图像分析界面

（2）创建应用

在创建新应用界面输入应用名称，选择应用类型，接口默认选择“图像识别”，添加应用描述，单击“立即创建”按钮，如图 10-3 所示。

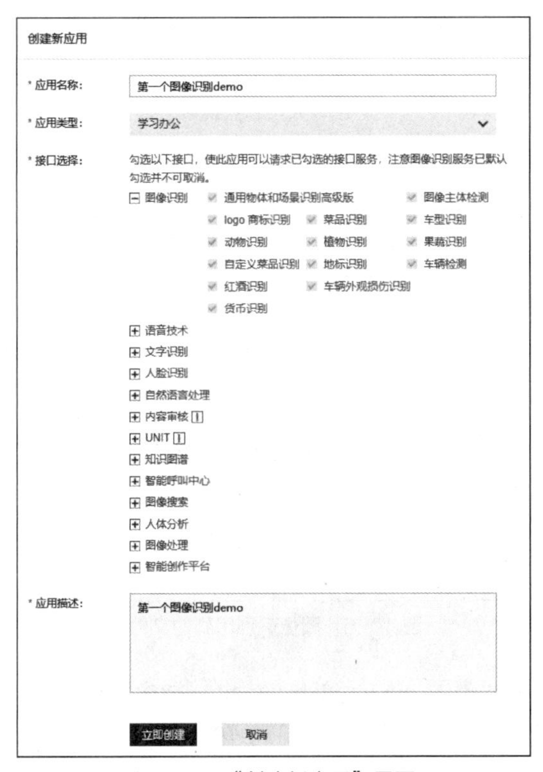


图 10-3 “创建新应用”界面

（3）记录密钥

在“应用详情”界面记录AppID、API Key、Secret Key这3个密钥，应用详情界面如图10-4所示。

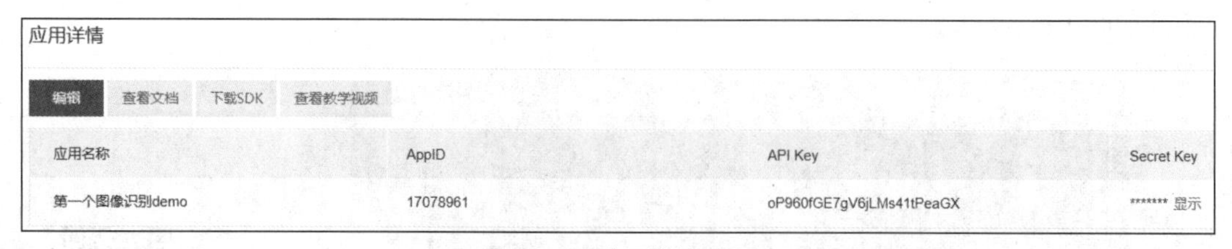
应用详情

编辑 | 查看文档 | 下载SDK | 查看教学视频

| 应用名称 | AppID | API Key | Secret Key |
|---|---|---|---|
| 第一个图像识别demo | 17078961 | oP960fGE7gV6jLMs41tPeaGX | ******* 显示 |

图10-4　应用详情界面

（4）下载SDK

在SDK下载界面下载Python版本的SDK，SDK下载界面如图10-5所示。

图像识别

| | | | | |
|---|---|---|---|---|
| Java SDK | Java | 4.11.3 新增红酒，货币，花卉，蔬菜识别 2019-06-06 | 使用说明 | 下载 |
| PHP SDK | php | 2.2.17 新增红酒，货币，花卉，蔬菜识别 2019-06-06 | 使用说明 | 下载 |
| Python SDK | | 2.2.17 新增红酒，货币，花卉，蔬菜识别 2019-06-06 | 使用说明 | 下载 |
| C++ SDK | | 0.8.3 新增红酒，货币，花卉，蔬菜识别 2019-06-06 | 使用说明 | 下载 |
| C# SDK | | 3.6.13 新增红酒，货币，花卉，蔬菜识别 2019-07-05 | 使用说明 | 下载 |
| Node.js SDK | | 2.4.3 新增红酒，货币，花卉，蔬菜识别 2019-06-06 | 使用说明 | 下载 |

图10-5　SDK下载界面

### 2. 调用API实现识别

SDK目录下的aip目录下还有其他文件，用于其他识别，图像识别用到的文件如图10-6所示。

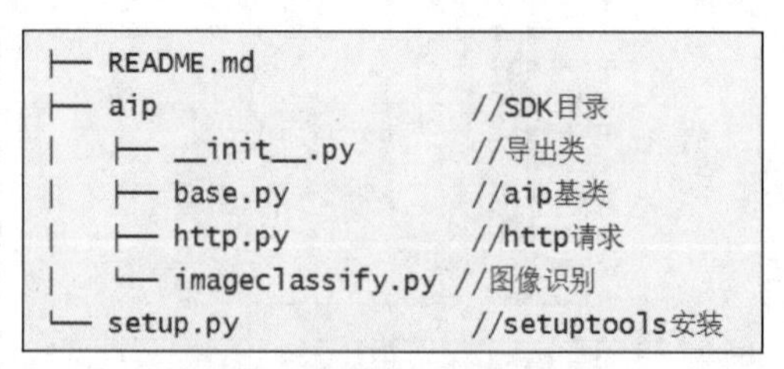
```
├── README.md
├── aip                   //SDK目录
│   ├── __init__.py       //导出类
│   ├── base.py           //aip基类
│   ├── http.py           //http请求
│   └── imageclassify.py //图像识别
└── setup.py              //setuptools安装
```

图10-6　图像识别用到的文件

在交互界面输入（联网状态）“pip install baidu-aip”命令，安装baidu-aip。

在Python目录下新建baidu_api目录，解压下载好的SDK，在baidu_api下新建baidu_api_image目录，AipImageClassify是图像识别的Python SDK客户端，为使用图像识别的开发人员提供了一系列的交互方法，在 baidu_api_image 目录下新建一个 image_predict.py 文件，baidu_api_image 目录如图 10-7 所示。

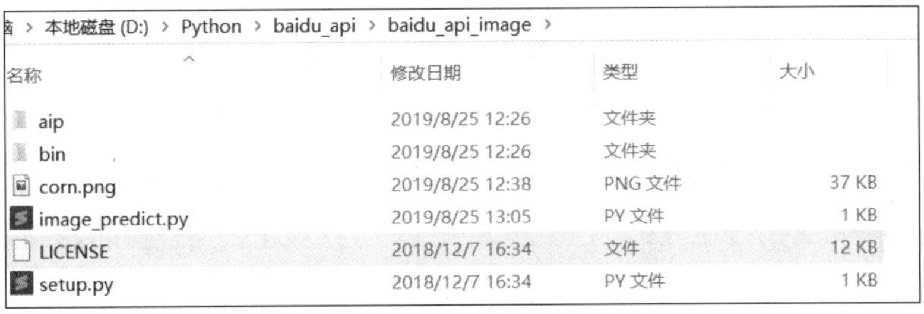

脑 > 本地磁盘 (D:) > Python > baidu_api > baidu_api_image >

| 名称 | 修改日期 | 类型 | 大小 |
|---|---|---|---|
| aip | 2019/8/25 12:26 | 文件夹 | |
| bin | 2019/8/25 12:26 | 文件夹 | |
| corn.png | 2019/8/25 12:38 | PNG 文件 | 37 KB |
| image_predict.py | 2019/8/25 13:05 | PY 文件 | 1 KB |
| LICENSE | 2018/12/7 16:34 | 文件 | 12 KB |
| setup.py | 2018/12/7 16:34 | PY 文件 | 1 KB |

图 10-7　baidu_api_image 目录

**【例 10-1】** 在 baidu_api_image 目录下放入一张需要识别的照片，并在 image_predict.py 文件中编写代码，实现图像识别。

```
from aip import AipImageClassify
""" 你的 APPID AK SK """
APP_ID = '你的 App ID'
API_KEY = '你的 Api Key'
SECRET_KEY = '你的 Secret Key'
client = AipImageClassify(APP_ID, API_KEY, SECRET_KEY)
""" 读取图片 """
def get_file_content(filePath):
     with open(filePath, 'rb') as fp:
          return fp.read()

image = get_file_content('corn.png')

""" 调用图像识别 """
print (client.advancedGeneral(image))
""" 如果有可选参数 """
options = {}
options["baike_num"] = 1
""" 带参数调用图像识别 """
print (client.advancedGeneral(image, options))
```

在 image_predict.py 文件的代码中需要将 APP_ID、API_KEY、SECRET_KEY 这 3 个密钥填入。

client.advancedGeneral()函数用于通用物体以及通用场景的识别，可以直接调用识别函数或者添加可选参数 options，本代码中添加了可选参数 options["baike_num"]=1，作用是打印出识别到第一个结果的百度百科，识别的是一张玉米的照片。

识别结果：

```
{'log_id': 4154135890364883769, 'result_num': 5, 'result': [{'score': 0.882586, 'root': '商品-食品', 'keyword': '玉米'}, {'score': 0.693215, 'root': '植物-其他', 'keyword': '玉米棒'}, {'score': 0.512256, 'root': '植物-其他', 'keyword': '甜玉米'}, {'score': 0.224656, 'root': '植物-其他', 'keyword': '黏玉米'}, {'score': 0.031608, 'root': '植物-葫芦科', 'keyword': '丝瓜'}]}
```

{'log_id': 53680928017029305, 'result_num': 5, 'result': [{'score': 0.882586, 'root': '商品-食品', 'baike_info': {'baike_url': 'http://baike.baidu.com/item/%E7%8E%89%E7%B1%B3/18401', 'image_url': 'http://imgsrc.baidu.com/baike/pic/item/5243fbf2b2119313d5a23cff6f380cd790238d98.jpg', 'description': '玉米(Zea mays L.)是禾本科的一年生草本植物。又名苞谷、苞米棒子、玉蜀黍、珍珠米等。原产于中美洲和南美洲，它是世界重要的粮食作物，广泛分布于美国、中国、巴西和其他国家。玉米与传统的水稻、小麦等粮食作物相比，具有很强的耐旱性、耐寒性、耐贫瘠性以及极好的环境适应性。玉米的营养价值较高，是优良的粮食作物。作为中国的高产粮食作物，是畜牧业、养殖业、水产养殖业等的重要饲料来源，也是食品、医疗卫生、轻工业、化工业等的不可或缺的原料之一。玉米资源极为丰富、廉价且易于获得，它们还具有许多生物活性，如抗氧化、抗肿瘤、降血糖、提高免疫力和抑菌杀菌等，具有广阔的开发及应用前景。2018 年 8 月，财政部、农业农村部、银保监会印发通知，将玉米作物制种纳入中央财政农业保险保险费补贴目录。2018 年，中国玉米产量 25733 万吨。'}, 'keyword': '玉米'}, {'score': 0.693215, 'root': '植物-其他', 'keyword': '玉米棒'}, {'score': 0.512256, 'root': '植物-其他', 'keyword': '甜玉米'}, {'score': 0.224656, 'root': '植物-其他', 'keyword': '黏玉米'}, {'score': 0.031608, 'root': '植物-葫芦科', 'keyword': '丝瓜'}]}

除了通用物体识别外，图像识别还有菜品识别、车辆识别、Logo 商标识别、动物识别、植物识别、地标识别等功能。

### 10.2.3 基于百度 AI 开放平台的语音识别

本案例基于百度 AI 开放平台实现语音识别项目。

**1. 密钥申请**

语音识别密钥申请方式与图像识别类似，下载语音识别对应的 SDK。

**2. 录音**

百度 AI 开放平台的语音识别是将录音转换为文字，语音格式为原始 PCM 的录音，参数必须符合 16kHz 采样率、16 位位深、单声道，支持的格式有 PCM（不压缩）、WAV（不压缩，pcm 编码）、AMR（压缩格式）。在识别之前需要先进行录音。

在 baidu_api 目录下新建 baidu_api_speech 目录，将下载的语音 SDK 解压到该目录下，在交互界面输入（联网状态）“pip install pyaudio”命令安装 pyaudio。

**【例 10-2】** 在 baidu_api_speech 目录下新建 recoder.py 并尝试输入代码，完成录音功能，注意：运行此代码的设备必须有录音功能。

```
import pyaudio
import wave,time

CHUNK = 1024
FORMAT = pyaudio.paInt16
CHANNELS = 1
RATE = 16000
TIME = 3

def rec(file_name, RECORD_SECONDS):
    p = pyaudio.PyAudio()

    stream = p.open(format=FORMAT,
                    channels=CHANNELS,
                    rate=RATE,
```

```
                         input=True,
                         frames_per_buffer=CHUNK)

    print("start......")

    frames = []

    for i in range(0, int(RATE / CHUNK * RECORD_SECONDS)):
        data = stream.read(CHUNK)
        frames.append(data)

    print("end\n")
    time.sleep(1)

    stream.stop_stream()
    stream.close()
    p.terminate()

    wf = wave.open(file_name, 'wb')
    wf.setnchannels(CHANNELS)
    wf.setsampwidth(p.get_sample_size(FORMAT))
    wf.setframerate(RATE)
    wf.writeframes(b''.join(frames))
    wf.close()

if __name__ == "__main__":
    wavfile = "./test.wav"
    rec(wavfile, TIME)
```

代码中，TIME 指的是录音时长，单位是秒。

### 3. 调用 API 实现识别

录音完成后，实现语音识别功能。

**【例 10-3】** 在 baidu_api_speech 目录下新建 speech_predict.py，在文件中编写代码。

```
from aip import AipSpeech

""" 你的 APPID AK SK """
APP_ID = '你的 App ID'
API_KEY = '你的 Api Key'
SECRET_KEY = '你的 Secret Key'

client = AipSpeech(APP_ID, API_KEY, SECRET_KEY)

# 读取文件
def get_file_content(filePath):
    with open(filePath,'rb') as fp:
        return fp.read()

# 识别本地文件
print (client.asr(get_file_content("test.wav"),'wav',16000,{'dev_pid':1537,}))
```

运行代码可以得到识别结果。

### 10.2.4 基于百度AI开放平台的人脸识别

本案例基于百度AI开放平台实现人脸识别项目。

**1. 密钥申请**

人脸识别密钥申请方式与图像识别类似，下载人脸识别对应的SDK。

**2. 人脸数据上传方式**

在百度人脸识别API上，有3种方式上传人脸图片：BASE64字符串、URL字符串以及FACE_TOKEN字符串。

（1）BASE64：BASE64编码的图片数据，编码后的图片大小不超过2MB。

（2）URL：图片的URL地址（可能由于网络等原因导致下载图片的时间较长）。

（3）FACE_TOKEN：人脸图片的唯一标识。调用人脸检测接口时，会为每个人脸图片赋予一个唯一的FACE_TOKEN，同一张图片多次检测得到的FACE_TOKEN是同一个。

**3. 人脸检测**

人脸检测区别于人脸识别。在一张照片中需要先找到人脸，才可以进行识别，但是一般而言，人脸检测之后也可以实现其他功能，如性别识别、年龄识别以及数字化妆等。

百度AI开放平台的人脸检测可以添加参数以返回当前人脸更为详细的信息，具体请求参数如表10-2所示。

**表10-2 人脸检测具体请求参数**

| 参数 | 必选 | 类型 | 说明 |
| --- | --- | --- | --- |
| image | 是 | string | base64编码后的图片数据，需使用urlencode编码，编码后的图片大小不超过2MB |
| max_face_num | 否 | uint32 | 最多处理人脸的数目，默认值为1，仅检测图片中面积最大的那个人脸 |
| face_fields | 否 | string | 包括age、beauty、expression、faceshape、gender、glasses、landmark、race、qualities信息，用逗号分隔，默认只返回人脸框、概率和旋转角度。如果要返回age等更多属性，请在此参数中添加 |

人脸检测部分返回参数如表10-3所示。

**表10-3 人脸检测部分返回参数**

| 参数 | 类型 | 必选 | 说明 |
| --- | --- | --- | --- |
| log_id | uint64 | 是 | 日志ID |
| result_num | uint32 | 是 | 人脸数目 |
| result | object[] | 是 | 人脸属性对象的集合 |
| +age | double | 否 | 年龄。face_fields包含age时返回 |
| +beauty | double | 否 | 美丑打分，范围为[0,100]，越大表示越美。face_fields包含beauty时返回 |

续表

| 参数 | 类型 | 必选 | 说明 |
| --- | --- | --- | --- |
| +location | object | 是 | 人脸在图片中的位置 |
| ++left | uint32 | 是 | 人脸区域离左边界的距离 |
| ++top | uint32 | 是 | 人脸区域离上边界的距离 |
| ++width | uint32 | 是 | 人脸区域的宽度 |
| ++height | uint32 | 是 | 人脸区域的高度 |
| +face_probability | double | 是 | 人脸置信度，范围为[0,1] |
| +rotation_angle | int32 | 是 | 人脸框相对于竖直方向的顺时针旋转角，[-180,180] |
| +yaw | double | 是 | 三维旋转之左右旋转角[-90(左), 90(右)] |
| +pitch | double | 是 | 三维旋转之俯仰角度[-90(上), 90(下)] |
| +roll | double | 是 | 平面内旋转角[-180(逆时针), 180(顺时针)] |
| +expression | uint32 | 否 | 表情：0，不笑；1，微笑；2，大笑。face_fields 包含 expression 时返回 |
| +expression_probability | double | 否 | 表情置信度，范围为[0,1]。face_fields 包含 expression 时返回 |
| +faceshape | object[] | 否 | 脸形置信度。face_fields 包含 faceshape 时返回 |
| ++type | string | 是 | 脸形：square、triangle、oval、heart、round |
| ++probability | double | 是 | 置信度：0～1 |
| +gender | string | 否 | male、female。face_fields 包含 gender 时返回 |
| +gender_probability | double | 否 | 性别置信度，范围为[0,1]，face_fields 包含 gender 时返回 |
| +glasses | uint32 | 否 | 是否戴眼镜，0-无眼镜，1-普通眼镜，2-墨镜。face_fields 包含 glasses 时返回 |
| +glasses_probability | double | 否 | 眼镜置信度，范围为[0,1]，face_fields 包含 glasses 时返回 |

（1）使用 URL 方式进行人脸检测

使用 URL 方式上传网络照片进行人脸检测时，可能会由于网络不通畅造成速度慢等问题，使用 URL 方式进行人脸检测的关键代码如下。

```
image = "网址"
imageType = "URL"

""" 调用人脸检测 """
# client.detect(image, imageType)

""" 如果有可选参数 """
options = {}
options["face_field"] = "age,beauty"
options["max_face_num"] = 1
options["face_type"] = "LIVE"

""" 带参数调用人脸检测 """
```

```
print (client.detect(image, imageType, options))
```

（2）使用 BASE64 方式进行人脸检测

使用 BASE64 方式上传本地照片进行人脸检测，关键代码如下。

```
""" 选择 BASE64 """
filePath ="pic.png"
with open(filePath,"rb") as f:
# b64encode 是编码
    base64_data = base64.b64encode(f.read())
image = str(base64_data,'utf-8')
imageType = "BASE64"

""" 调用人脸检测 """
# client.detect(image, imageType)

""" 如果有可选参数 """
options = {}
options["face_field"] = "age,beauty"
options["max_face_num"] = 1
options["face_type"] = "LIVE"

""" 带参数调用人脸检测 """
print (client.detect(image, imageType, options))
```

### 4. 添加人脸库

人脸识别需要构建人脸库来存放需要识别的人脸照片，人脸库在百度 AI 开放平台上。

需要新建组以及组下的用户，一个组中可以有多个用户，每个用户对应着一个人的照片。

### 5. 调用 API 实现识别

【例 10-4】 在 baidu_api 目录下新建 baidu_api_face 目录，将下载的人脸识别的 SDK 解压到该目录下，在 baidu_api_face 目录下新建 face_predict.py 文件。

```
from aip import AipFace
import base64
""" 你的 APPID AK SK """
APP_ID = '你的 App ID'
API_KEY = '你的 Api Key'
SECRET_KEY = '你的 Secret Key'
client = AipFace(APP_ID, API_KEY, SECRET_KEY)
""" 选择 BASE64 """
filePath ="pic.png"
with open(filePath,"rb") as f:
# b64encode 是编码
    base64_data = base64.b64encode(f.read())
image = str(base64_data,'utf-8')
imageType = "BASE64"
groupIdList = "group"
""" 调用人脸搜索 """
print (client.search(image, imageType, groupIdList))
```

在 groupIdList 中可输入人脸库的用户组 ID，client.search()函数可调用人脸识别。

# 10.3 更多 AI 开放平台实践

除了百度 AI 开放平台外，国内外还有很多开放平台，它们针对的方向不同，开放能力也有所不同。

## 10.3.1 腾讯 AI 开放平台

腾讯 AI 开放平台主页如图 10-8 所示。

图 10-8　腾讯 AI 开放平台主页

腾讯 AI 开放平台的主要开放能力包括文字识别 OCR、人脸与人体识别、图片特效、图片识别、敏感信息甄别、智能闲聊、机器翻译、基础文本分析、语义解析、语音识别与语音合成等。

## 10.3.2 阿里 AI 开放平台

阿里 AI 开放平台主页如图 10-9 所示。

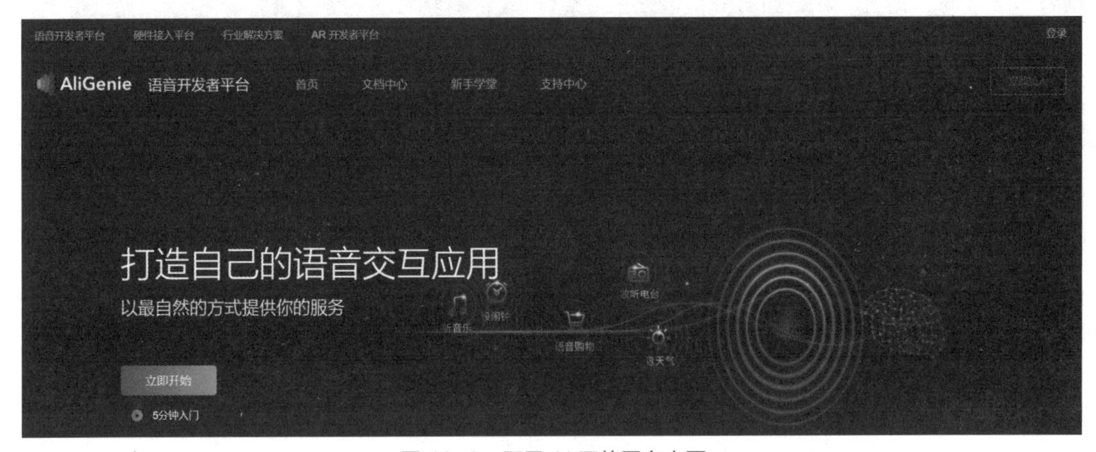


图 10-9　阿里 AI 开放平台主页

阿里 AI 开放平台的主要开放能力包括语音识别与自然语言处理等。

### 10.3.3 京东 AI 开放平台

京东 AI 开放平台主页如图 10-10 所示。

图 10-10 京东 AI 开放平台主页

京东 AI 开放平台的主要开放能力包括文字识别、语音技术、人脸与人体识别、图像及视频理解与自然语言处理等。

### 10.3.4 小爱 AI 开放平台

小爱 AI 开放平台主页如图 10-11 所示。

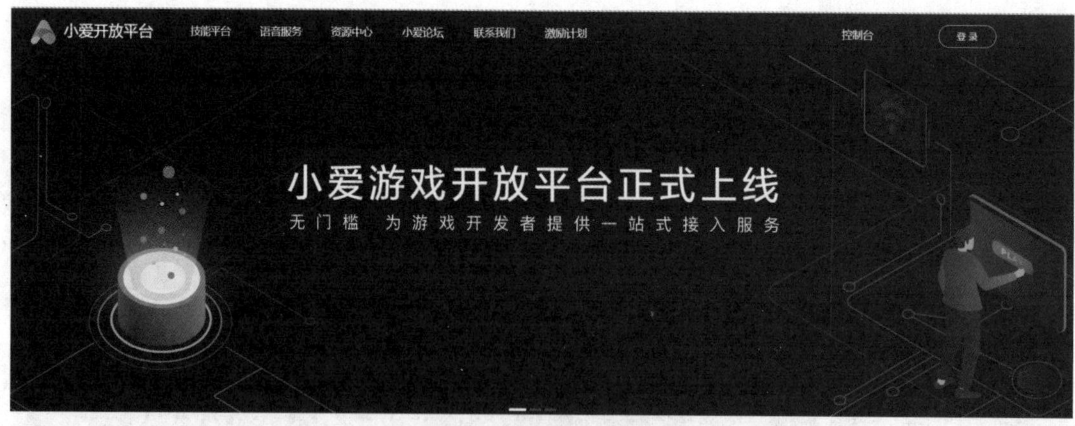


图 10-11 小爱 AI 开放平台主页

小爱 AI 开放平台的主要开放能力包括语音识别与自然语言处理等。

### 10.3.5 讯飞 AI 开放平台

讯飞 AI 开放平台主页如图 10-12 所示。

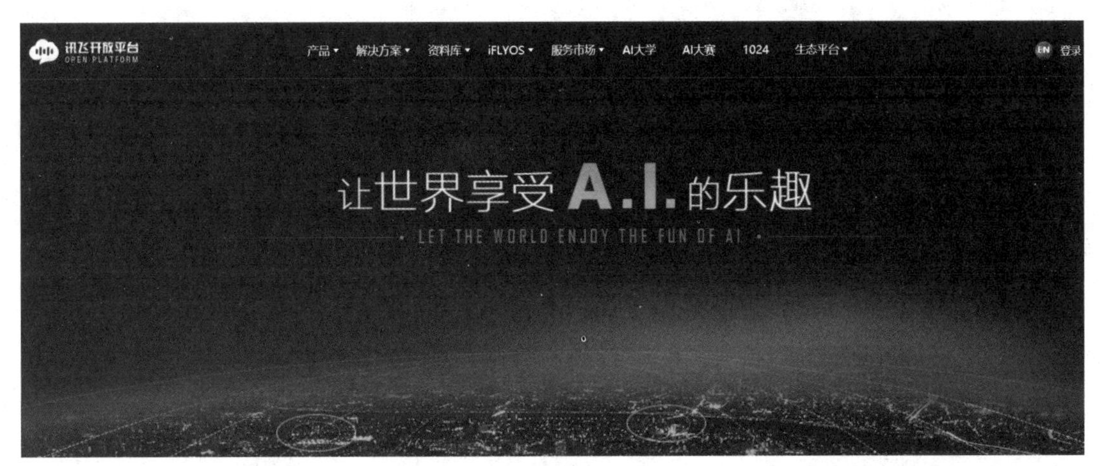


图 10-12 讯飞 AI 开放平台主页

讯飞 AI 开放平台的主要开放能力包括语音识别、语音合成、图像识别与自然语言处理等。

## 10.4 小结

AI 开放平台是无须训练就可以被开发者直接调用的接口平台。每个开放平台都有各自不同的功能，大多包括图像识别、语音识别、语音合成、人脸识别、文字识别等功能。

## 10.5 练习题

1. 利用百度 AI 开放平台完成动物图片识别。
2. 将录音功能和识别功能进行整合，完成录音后直接识别，返回结果。

# 第11章 综合实训案例解析

11

将人工智能与其他技术（如嵌入式、物联网等）相结合，形成“AI+”项目，可以实例化诸多实训案例，完成人工智能的应用。在该过程中，可以更加深入地了解所使用的算法和神经网络，并且可以体会人工智能开发过程中实验室环境和实际运用过程中环境的不同。

**重点知识：**

基于机械臂的工业分拣系统

## 11.1 基于机械臂的工业分拣系统

基于机械臂的工业分拣系统融合了人工智能技术、嵌入式系统技术、机械臂应用技术、AR 技术。本章通过丰富的基础实验和项目案例，实现从人工智能基础学习到应用实践的完整过程。

### 11.1.1 项目概要

基于机械臂的工业分拣系统硬件资源如图 11-1 所示。

图 11-1 系统硬件资源介绍

1. 硬件介绍

本系统的背景是仓库智能分拣，硬件系统的左侧为两个仓库（每个仓库有 4 个仓位）和一个六自由度机械臂，机械臂上有摄像头，用于捕捉仓库画面数据以进行图像识别。在仓库和机械臂右侧，10 英寸液晶屏用于显示项目的界面以及控制整个系统。屏幕的下方是嵌入式 AI 运算单元，将深度学习算法部署到嵌入式系统上，可完成终端的、离/在线的人工智能运算。嵌入式 AI 运算单元上的环境为 Ubuntu 16.04，搭载了 Qt 5.5 的 Qt Creator 环境与 Python 3.5.2 环境作为图形化界面并进行 Python 开发，同时搭载了 TensorFlow 1.7.0 作为人工智能深度学习框架。在嵌入式 AI 运算单元下方是全键盘，开发者可以在终端实时进行编程以及完善网络，避免无外接键盘的困扰。在屏幕右侧是 Arduino 接口，可以扩展传感器板、电机板以及键盘板。Arduino 扩展板下方是嵌入式 AI 控制单元，一方面它可以直接控制六自由度机械臂完成动作，另一方面它可以作为网关控制下方的物联网无线通信模块与右下角的 RFID 模块。

2. 软件介绍

该系统功能如下。

（1）AI 计算机视觉仓库货物分拣、整理：一方面可以基于 TensorFlow 框架，通过深度学习 CNN 神经网络算法离线地识别仓库货物，另一方面可以在线地调用 AI 开放平台完成在线仓库货物的识别。两种识别均可在终端显示及控制，控制功能包括通过机械臂将货物进行仓库间的搬运。

（2）AI 语音机械臂控制、货物分拣：通过集 AI 语音识别+机械臂控制为一体的机械臂控制、货物分拣，用户可以通过语音发布指令来控制机械臂执行动作。

（3）AR 仓库货物分拣：通过 AR 增强现实技术与人工智能计算机视觉技术相结合来实现图像识别，创建与现实中物体相关联的虚拟模型，实例化并进行机械臂的控制。

## 11.1.2 项目设计

本系统主要由嵌入式 AI 运算单元、嵌入式 AI 控制单元、机械臂、液晶屏、仓库等组成，数据走向如图 11-2 所示。

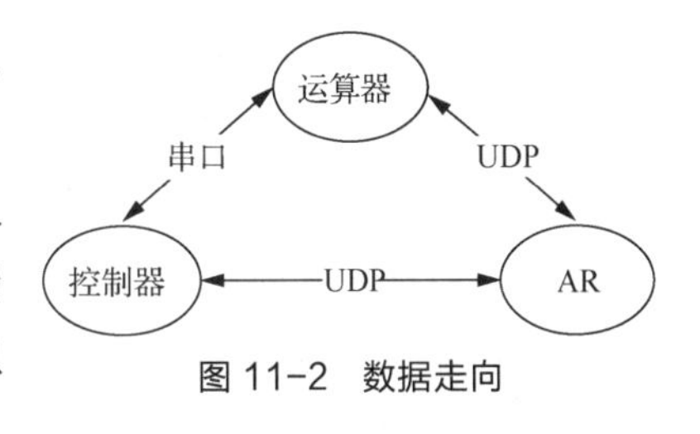

图 11-2 数据走向

综合程序中各个模块的功能，嵌入式 AI 运算单元负责人工智能运算、显示界面以及交互；嵌入式 AI 控制单元负责与运算器联动以及负责机械臂的控制；AR 负责实例化仓库以及机械臂控制；机械臂负责抓取货物。

嵌入式 AI 运算单元与嵌入式 AI 控制单元以串口的方式通信，当有 AR 介入时，嵌入式 AI 控制单元的 IP 与嵌入式 AI 运算单元的 IP 直接交给 AR 端，完成 AR 端与整个系统的绑定，之后就可以实现嵌入式 AI 运算单元与 AR 的直接控制、嵌入式 AI 控制单元与 AR 的直接控制。

V11-1 分拣系统项目设计

1. 嵌入式 AI 运算单元综合程序整体设计思路

嵌入式 AI 运算单元的综合程序整体设计思路为用户与界面进行交互，界面的编写采用 Qt，语言为 C++，调用离/在线的图像识别和语音识别，语言为

Python，离线的图像识别为数字识别，语音识别接入百度 AI 开放平台进行识别。嵌入式 AI 运算单元综合程序整体设计思路拓扑图如图 11-3 所示。

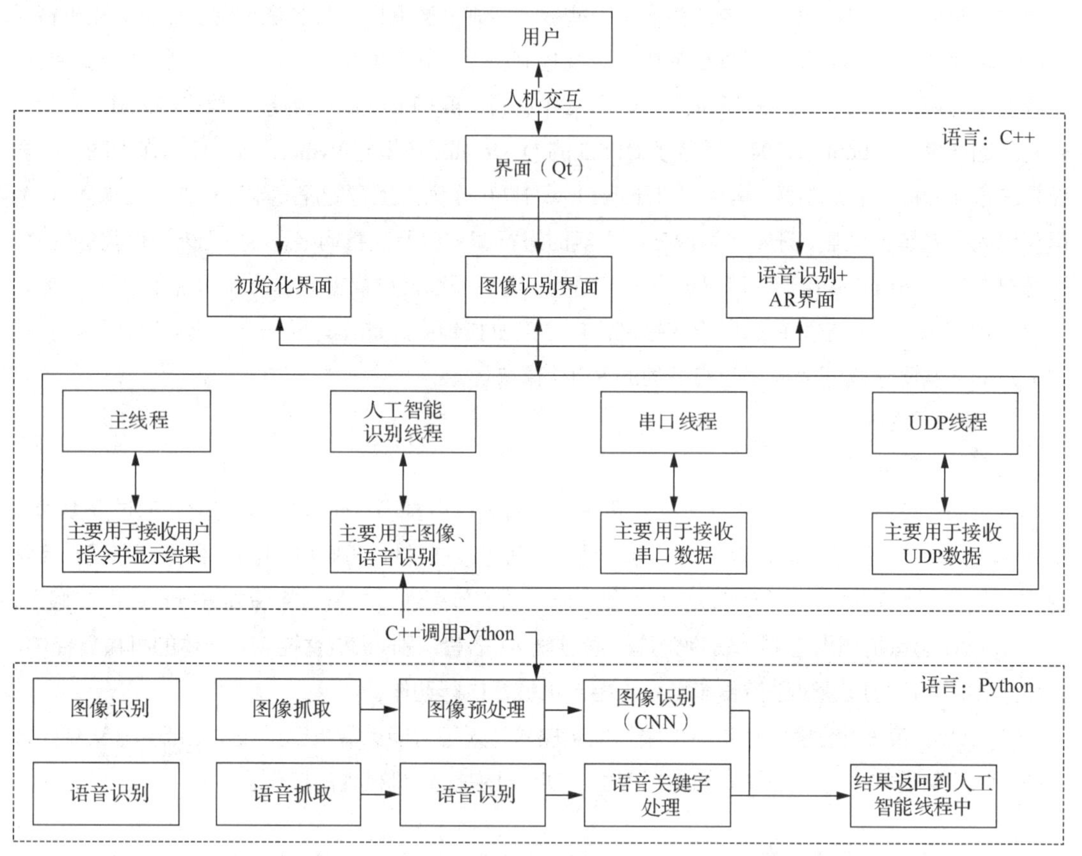

图 11-3　嵌入式 AI 运算单元综合程序整体设计思路拓扑图

本思路中，Qt 创建以下 4 个线程。

线程一（主线程）：用于接收用户的按键交互命令，并进行结果的显示，同时也作为串口发送端与 UDP 的发送端，对各个线程接收到的指令或结果进行监控。

线程二（人工智能识别线程）：实现 C++调用 Python，Python 负责完成识别后返回结果，并将结果发送到主线程进行显示。

线程三（串口线程）：实现串口数据的接收。由于串口传输的数据包是根据协议进行规定的，所以数据接收后需要用状态机进行数据包解析，可以提高接收数据的准确性。将解析后的数据按协议分类为各指令，传输到主线程完成相关动作。

线程四（UDP 线程）：完成 UDP 数据的接收，并将接收到的数据按协议分类为各指令，传输到主线程完成相关动作。

**2. 界面功能设计**

（1）初始化界面

界面（Qt）是在嵌入式 AI 运算单元上的，系统功能介绍界面（初始化界面）如图 11-4 所示。

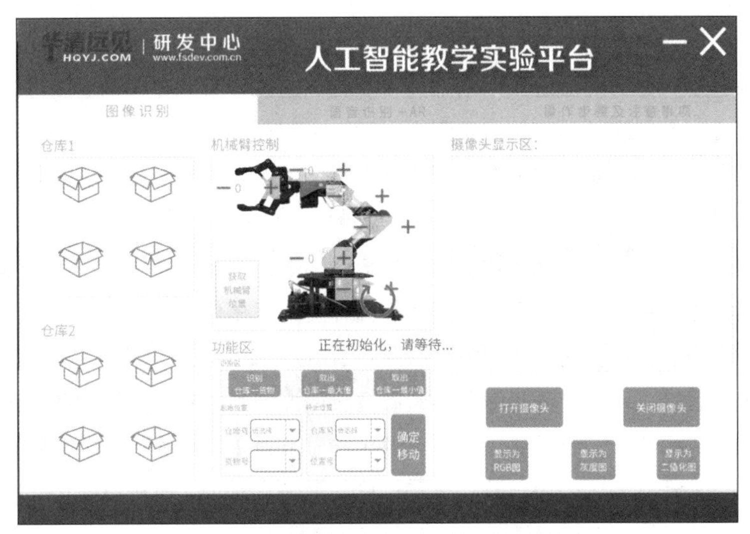


图 11-4　系统功能介绍界面（初始化界面）

打开应用后的第一个界面是图像识别界面。在打开应用程序后开始加载过程，在该过程中开启了所有的子线程，包括人工智能线程。在该线程中，由于在调用过程中加载 TensorFlow 需要时间，所以需要做一个初始化动画，让初始化显得更加合理。

（2）图像识别界面

图像识别界面如图 11-5 所示。该界面包括了左侧的仓库显示区，这个区域用于人工智能线程识别后的货物结果显示以及抓取过程中的货物位置显示。

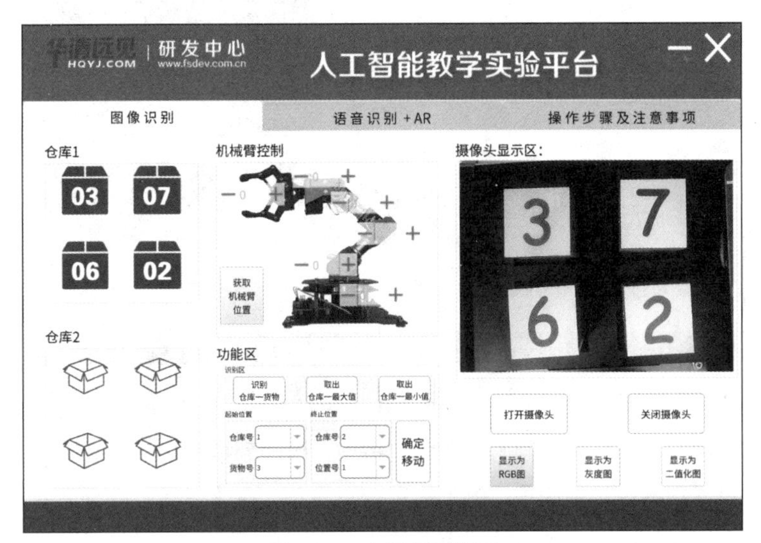


图 11-5　图像识别界面

在机械臂控制区，可以获取机械臂当前 6 个舵机的位置数据信息，将 6 个舵机分开控制。嵌入式 AI 运算单元将控制指令通过串口发送到嵌入式 AI 控制单元上，嵌入式 AI 控制单元对机械臂的 6 个舵机进行控制。

功能区实现了两个功能，一个是识别抓取，另一个是识别找最值。

在识别抓取中，该系统共有两个仓库，以仓库 1 为识别仓库，以仓库 2 为抓取仓库。这里的功能实现过程为：用户在界面上选择识别仓库 1 货物，主线程收到该指令后发送命令给人工智能线程，人工智能线程做完识别后将结果返回主线程，主线程在仓库区显示结果，并且实时检测起始位置和终止位置的变动，如果用户选择了位置移动，就将移动命令发送给嵌入式 AI 控制单元，进而控制机械臂进行抓取。

在识别找最值中，用户可以选择找最大值或者最小值，选择后主线程将命令发送给人工智能线程，人工智能线程做完识别后将结果返回主线程，主线程在仓库区显示结果，同时找结果的最值。找到结果的最值后，将发送抓取命令给嵌入式 AI 控制单元。

在摄像头显示区中，可以打开摄像头查看摄像头捕捉到的内容。当然，在本系统中，在尝试所有关于图像识别的功能之前都需要先打开摄像头并显示为 RGB 图，图像的捕捉任务由 C++完成，Python 将 C++拍摄到的内容进行预处理和识别。摄像头显示区可将摄像头捕捉到的内容进行实时显示，当前捕捉到的画面可以显示为灰度图和二值化图。

（3）语音识别+AR 界面

语音识别+AR 界面如图 11-6 所示。该界面也有摄像头显示区，这个区域的功能与图像识别界面中的该区域功能一样用于识别，但是这里的识别是将结果发送给 AR 端进行显示。

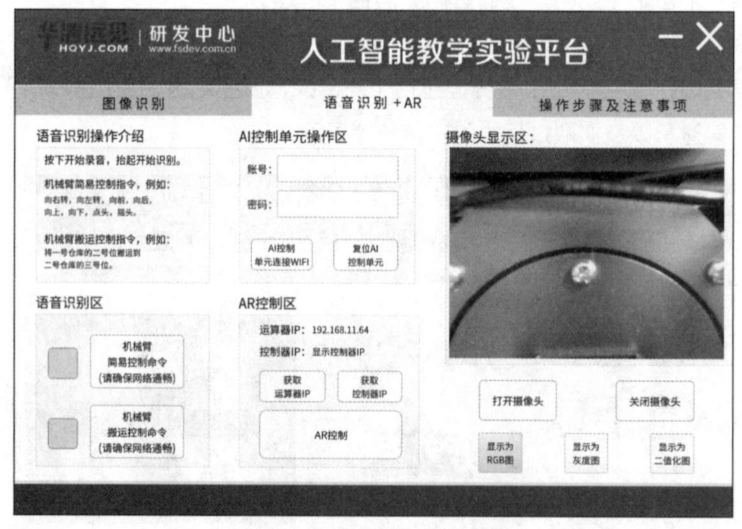


图 11-6　语音识别+AR 界面

在语音识别区中，等待两种控制方式的按键按下，检测到按键按下后开始录音，按键弹起后结束录音。同时将识别指令从主线程传输到人工智能线程，在该线程中进行语音识别和关键词检测，检测后如果识别到关键词，就将结果返回给主线程，随后主线程将数据通过串口发送到嵌入式 AI 控制单元，实现控制。

在 AR 控制区，需要将手机和嵌入式 AI 控制单元直接连接，在连接之前应获取嵌入式 AI 运算单元以及嵌入式 AI 控制单元的 IP 地址。AR 端连接嵌入式 AI 运算单元，同时嵌入式 AI 运算单元将嵌入式 AI 控制单元的 IP 发送出去，AR 端接收到后与嵌入式 AI 控制单元完成绑定，

AR—嵌入式 AI 运算单元—嵌入式 AI 控制单元成为一套系统。

### 3. 人工智能设计思路

本系统的人工智能学习开发主要针对图像以及语音识别。

图像识别的基本思路是 LeNet-5，基本网络是两层 CNN，但由于数字识别的数据集 MNIST 是单个数字识别，直接将拍摄到的照片放入预测网络是无法识别的，所以将仓库内的数字进行定位以及切割，定位的同时判断某个仓库内有无货物，定位的方式主要是 HSV 颜色定位。有货物就将其切割出来进行图像预处理，由于实验室的照片和实际项目中拍摄到的照片是有差别的，所以图像预处理是很关键的一步，图像的预处理采用 OpenCV，算法有闭操作、直方图均衡化等，处理完成后将图像送到网络中进行识别。

语音识别采用百度 AI 开放平台的联网方案进行，将 Qt 的录音进行上传，得到识别结果后使用正则表达式和关键字提取并进行判断，针对识别到的指令完成机械臂控制。

### 4. 嵌入式 AI 控制单元整体设计思路

嵌入式 AI 控制单元主要的工作是接收上层应用的命令，处理后进行分析判断并控制机械臂动作执行。

Qt 应用通过串口和嵌入式 AI 控制单元进行通信，分析串口数据的命令字节，判断 Qt 应用下达的指令，包括机械臂移动、货物搬运、机械臂转动、Wi-Fi 连接和舵机控制等指令。嵌入式 AI 控制单元和机械臂之间也通过串口通信，由不同的指令来执行机械臂所要完成的动作。

AR 应用通过 UDP 和嵌入式 AI 控制单元通信，由嵌入式 AI 控制单元控制 Wi-Fi 模块和安装 AR 应用的手机连接在同一局域网下并进行 UDP 的连接。嵌入式 AI 控制单元分析 UDP 网络数据包以判断 AR 应用下达的功能指令，如货物搬运和机械臂复位指令，并由嵌入式 AI 控制单元通过串口控制机械臂动作的执行。嵌入式 AI 控制单元整体设计思路拓扑图如图 11-7 所示。

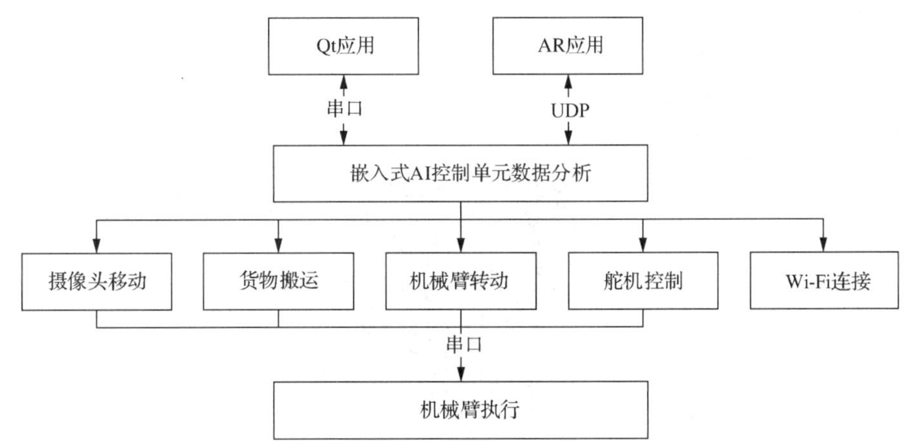


图 11-7 嵌入式 AI 控制单元整体设计思路拓扑图

### 5. AR 整体设计思路

本套 AR 系统结合 AR-SDK 功能中的 AR 基点，实例化与仓库具有空间对应关系的虚拟模型。通过 UDP 与嵌入式 AI 运算单元进行连接，获取嵌入式 AI 运算单元扫描到的仓库信息，从而更新虚拟模型数据。AR 端整体设计思路拓扑图如图 11-8 所示。

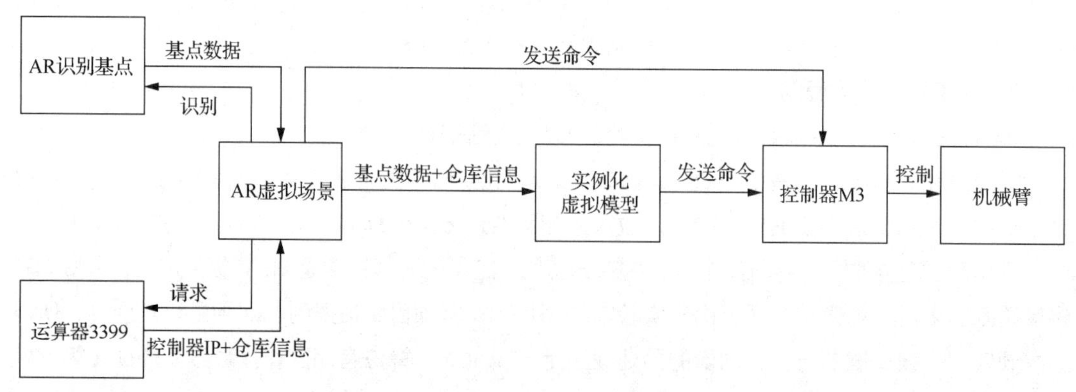


图 11-8　AR 端整体设计思路拓扑图

增强现实（Augmented Reality，AR）技术是一种实时计算摄影机影像的位置及角度并加上相应图像、视频、3D 模型的技术。这种技术的目标是在屏幕上把虚拟世界套在现实世界中并进行互动。

构建本套系统中的 AR 虚拟场景需要两个方面的信息：其一为仓库位置信息；其二为仓库中的“货物”信息。

（1）仓库位置信息：本套系统所采用的技术为高通 Vuforia AR SDK 的单图像识别技术，可在实验箱中找到一个 AR 识别的基准点，用此基准点实例化虚拟模型，将虚拟模型与实验箱仓库在空间上进行一一对应。

（2）仓库中的“货物”信息：仓库中的“货物”信息可通过嵌入式 AI 运算单元识别得到，AR 端与嵌入式 AI 运算单元建立连接以获取这些信息，这里考虑到了同一局域网下存在多个系统的情况，并且每个系统的 IP 地址具有唯一性，以 UDP 广播的形式，让嵌入式 AI 运算单元在“未连接”的状态下持续不断地向指定端口号广播本地 IP 与嵌入式 AI 控制单元的 IP。

AR 端在初始界面接收广播信息，并将所收到的信息进行处理，筛选出可连接的设备，以 Button 列表的形式呈现出来。当单击任意设备按钮时，在后台会将对应嵌入式 AI 运算单元的 IP 与嵌入式 AI 控制单元的 IP 进行提取并存储，方便后续发送操作指令。与此同时，进入 AR 识别场景，AR 端初始界面如图 11-9 所示。

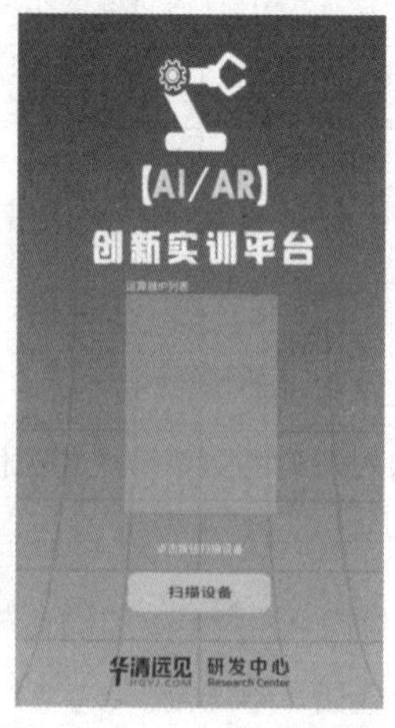


图 11-9　AR 端初始界面

在 AR 识别场景中，系统会自动调用手机摄像头，用手机摄像头扫描实验箱中指定位置的指定图像，实例化虚拟模型，同时在后台向嵌入式 AI 运算单元发送请求指令，请求仓库信息。嵌入式 AI 运算单元接收到指令后，调整机械臂姿势进行扫描，在扫描成功后，向 AR 端返回仓库信息，AR 识别场景初始化界面如图 11-10 所示。

图 11-10　AR 识别场景初始化界面

AR 场景中根据返回的仓库信息刷新虚拟模型，如图 11-11 所示。

图 11-11　AR 场景中根据返回的仓库信息刷新虚拟模型

本套系统有两种控制方式，一种为通过 UI 操作，另一种为通过拖动虚拟模型操作。两种控制方式均通过 UDP 发送命令给嵌入式 AI 控制单元，再由嵌入式 AI 控制单元对机械臂进行控制。

（1）UI 控制：在主界面中，系统会自动进入横屏操作模式，单击右下角的复位按钮，机械臂可进行姿态复位。

这里应用的是 Unity3D 引擎中自带的 UGUI，与机械臂进行通信的协议为 UDP。UI 发送操作指令，在场景中获取嵌入式 AI 控制单元的 IP 之后，将信息发送给嵌入式 AI 控制单元，从而控制机械臂。

（2）模型控制：在本系统中，实例化的模型为不同颜色的恐龙，恐龙的颜色由识别结果决定。

每只恐龙都有随机的动作，这里应用的是 Unity3D 中的预设体和动画系统。

可以通过拖动恐龙实现位置移动的操作，应用 Unity3D 引擎的射线机制，模仿“背包”系统，将恐龙作为“货物”，并将恐龙站立的平台作为“背包”的栏位。同时调用动画系统，在手指点中某一只恐龙后，只播放“飞翔”的动画，手指离开恐龙后再随机播放动作。

这里进行拖动控制的协议同样为 UDP，每只恐龙在实例化出来时均携带仓库信息。在恐龙被转移到空白栏位上后，系统会根据被拖动恐龙所携带的仓库信息和转移的栏位，发送操作指令给嵌入式 AI 控制单元，进而控制机械臂去抓取指定方块到指定位置。

**6. 嵌入式 AI 运算单元在线图像识别程序设计思路**

嵌入式 AI 运算单元的在线图像识别程序和综合程序基本相似。综合程序是将图像传输到神经网络进行识别，识别完成得到返回结果；在线图像识别程序是将图像上传到百度 AI 开放平台接口进行识别，识别完成得到返回结果。

### 11.1.3 项目实现

这里主要针对嵌入式 AI 运算单元综合程序的 Qt 主线程以及神经网络识别前的图像预处理做详细描述，离线的图像识别网络是两层的 CNN 模型，在线的语音识别调用百度 AI 开放平台的 API，这里不再赘述。

**1. Qt 主线程**

在 Qt 主线程中需要实现界面初始化，界面的所有显示控制都在主线程中实现，打开串口实现嵌入式 AI 控制单元数据的收发，并开启人工智能线程、串口线程和 UDP 线程，同时对用户的控制做出应对和对各个线程传来的数据进行处理。

首先初始化界面，在打开该应用后需要对各个组件进行初始化。

```
void MainWindow::InitInterface()
{
    //原标题隐藏
    this->setWindowFlags(Qt::FramelessWindowHint);
    //新建一个 QListView，可以使 comboBox 下拉框变宽
    ui->comboBoxSelectBox1->setView(new QListView());
    ui->comboBoxSelectBox2->setView(new QListView());
    ui->comboBoxStart->setView(new QListView());
    ui->comboBoxEnd->setView(new QListView());
    //图像加载，并显示
    img0->load(":/picture/0.png");
    img1->load(":/picture/01.png");
    img2->load(":/picture/02.png");
    img3->load(":/picture/03.png");
    img4->load(":/picture/04.png");
    img5->load(":/picture/05.png");
    img6->load(":/picture/06.png");
    img7->load(":/picture/07.png");
    img8->load(":/picture/08.png");
    img9->load(":/picture/09.png");
    imgStart->load(":/picture/loading.png");
```

```
    ui->label1_1_1->setPixmap(QPixmap::fromImage(*img0));
    ui->label1_1_2->setPixmap(QPixmap::fromImage(*img1));
    ui->label1_1_3->setPixmap(QPixmap::fromImage(*img2));
    ui->label1_1_4->setPixmap(QPixmap::fromImage(*img3));
    ui->label1_2_1->setPixmap(QPixmap::fromImage(*img4));
    ui->label1_2_2->setPixmap(QPixmap::fromImage(*img5));
    ui->label1_2_3->setPixmap(QPixmap::fromImage(*img6));
    ui->label1_2_4->setPixmap(QPixmap::fromImage(*img7));
    //图像加载，并显示
    imgRight->load(":/picture/right.png");
    ui->label7->setPixmap(QPixmap::fromImage(*imgRight));
    //图像加载，并显示
    imgRight->load(":/picture/left.png");
    ui->label8->setPixmap(QPixmap::fromImage(*imgRight));

    //设置 spin 的范围为 0～250
    ui->spinBox1_1->setRange(0,250);
    //设置 spin 不能手动输入
    ui->spinBox1_1->setFocusPolicy(Qt::NoFocus);
    ui->spinBox1_2->setRange(0,250);
    ui->spinBox1_2->setFocusPolicy(Qt::NoFocus);
    ui->spinBox1_3->setRange(0,250);
    ui->spinBox1_3->setFocusPolicy(Qt::NoFocus);
    ui->spinBox1_4->setRange(0,250);
    ui->spinBox1_4->setFocusPolicy(Qt::NoFocus);
    ui->spinBox1_5->setRange(0,250);
    ui->spinBox1_5->setFocusPolicy(Qt::NoFocus);
    ui->spinBox1_6->setRange(0,250);
    ui->spinBox1_6->setFocusPolicy(Qt::NoFocus);
    //spin 失能
    SpinEnable(false);
    //仓库一的显示内容为空
    Box1DisplayImagePredict("1F2F3F4F");
    //仓库二的显示内容为空
    Box2DisplayImagePredict("1F2F3F4F");
    //录音按键样式
    ui->label2_1->setStyleSheet("border:2px groove gray;\
        border-radius:10px;background-color:rgb(255, 255, 0)");
    //录音按键样式
    ui->label2_2->setStyleSheet("border:2px groove gray;\
        border-radius:10px;background-color:rgb(255, 255, 0)");
}
```

在 Qt 中，信号槽机制是非常实用的一个技术。当某个事件发生之后，它就会发出一个信号（Signal），如果有对象对这个信号感兴趣，它就会使用连接（connect）函数将想要处理的信号和自己的一个函数（槽函数 slot）绑定，以处理这个信号。

这里需要将主线程和各个子线程的数据传输用信号槽进行连接。

```
void MainWindow::InitSignal()
{
```

```
        //摄像头显示图像的不同格式按键被按下时对应的不同颜色效果
        connect(this, SIGNAL(TriggerDisplayStatus(char)), this,\
        SLOT(DisplayStatus(char)));
        qRegisterMetaType<MsgSerial>("MsgSerial");
        qRegisterMetaType<MsgPython>("MsgPython");
        qRegisterMetaType<MsgPython>("MsgUdp");
        t_serial = new UartThread();
        t_python = new PythonThread();
        t_udp = new UdpThread();
        //主线程接收串口线程数据
        connect(t_serial, SIGNAL(SerialSendResult2Main(MsgSerial)), \
            this, SLOT(GetSerialData(MsgSerial)));
        //主线程往串口线程发送 serialPort
        connect(this, SIGNAL(TriggerPort(MsgSerial)), t_serial, \
            SLOT(RecvPort(MsgSerial)));
        //主线程接收 Python 线程的数据
        connect(t_python, SIGNAL(PythonSendResult2Main(MsgPython)), \
            this, SLOT(GetPythonData(MsgPython)));
        //主线程接收 Python 线程模块加载成功信息
        connect(t_python, SIGNAL(StartProgrammer(bool)), this, \
            SLOT(PythonModuleLoadSuccess(bool)));
        //主线程往 Python 线程发送识别方式
        connect(this, SIGNAL(TriggerPredict(MsgPython)), t_python, \
            SLOT(RecvPredict(MsgPython)));
        //主线程接收 UDP 线程数据
        connect(t_udp, SIGNAL(UdpSendResult2Main(MsgUdp)), this, \
            SLOT(GetUdpData(MsgUdp)));
        //主线程往串口线程发送 socket
        connect(this, SIGNAL(TriggerSocket(MsgUdp)), t_udp, \
            SLOT(RecvSocket(MsgUdp)));

        //开启串口线程
        t_serial->start();
        //开启 Python 线程
        t_python->start();
        //开启 UDP 线程
        t_udp->start();
}
```

当串口线程通过状态机接收到串口数据后，由于需要将数据传输到主线程以完成数据处理，所以需要实现一个处理串口线程数据的函数。

```
void MainWindow::GetSerialData(MsgSerial msgSerial)
{
//   qDebug("recv uart : %02x",msgSerial.int_SerialInfo);
    switch (msgSerial.int_SerialInfo) {
    //串口接收到机械臂发送来的当前的 6 个参数内容
    case 0x92:
        //在 spin 上显示 6 个数据
        DisplayStatusInSpinBox(msgSerial.str_SerialInfo);
        break;
```

```
    //串口接收到停到仓库一（0x52）和仓库二（0x53）位置消息后开始 1s 计时
    case 0x52:
    case 0x53:
        //计时器
        timerSavePic = new QTimer(this);
        //设置间隔: 1000ms
        timerSavePic->setInterval(1000);
        //一旦超时则触发 SavePic(),即保存一帧图像
        //SIGNAL(timeout()): 每当计时结束时，计时器归零并重新计时，并发送一个信号激活 SLOT()函数
        connect(timerSavePic,SIGNAL(timeout()),this,SLOT(SavePic()));
        //开始计时
        timerSavePic->start();
        break;
    //货物抓取成功后返回的标志位
    case 0x72:
        MoveGoodsSuccess();
        break;
    //在排序过程中机械臂返回的货物的位置号
    case 0x71:
        DisplaySortInBox(msgSerial.str_SerialInfo);
        break;
    //货物排序完成后，标志位清零
    case 0xb3:
        predictImageBoxAndSort = DONOTSORT;
        break;
    //显示出单片机的地址
    case 0xa1:
        ui->label_displayIP_2->setText(msgSerial.str_SerialInfo);
        break;
    default:
        break;
    }
}
```

人工智能线程在发送识别命令后，如果接收到返回的识别结果，需要将结果传输到主线程完成显示及控制。

```
void MainWindow::GetPythonData(MsgPython msgPython)
{
    switch (msgPython.int_PythonInfo2Main) {
    case CANNOTLOADPYTHON:  //提示未能成功加载 Python 模块
        QMessageBox::warning(NULL, "警告", "未能加载 Python 模块!", \
            QMessageBox::Yes | QMessageBox::No, QMessageBox::Yes);
        break;
    case CANNOTLOADMAIN:  //提示未能成功加载主函数模块
        QMessageBox::warning(NULL, "警告", "未能加载主函数，请检查路径!", \
            QMessageBox::Yes | QMessageBox::No, QMessageBox::Yes);
        break;
    case CANNOTLOADIMAGEPREDICT:  //提示未能成功加载图像识别函数
        QMessageBox::warning(NULL, "警告", "未能成功加载图像识别函数!", \
```

```
            QMessageBox::Yes | QMessageBox::No, QMessageBox::Yes);
        break;
    case CANNOTLOADVOICESTART:  //提示未能成功加载开始录音函数
        QMessageBox::warning(NULL, "警告", "未能成功加载开始录音函数!", \
            QMessageBox::Yes | QMessageBox::No, QMessageBox::Yes);
        break;
    case CANNOTLOADVOICESHORTPREDICT:  //提示未能成功加载简易控制命令识别函数
        QMessageBox::warning(NULL, "警告", "未能成功加载简易控制命令识别函数!", \
            QMessageBox::Yes | QMessageBox::No, QMessageBox::Yes);
        break;
    case CANNOTLOADVOICELONGPREDICT:  //提示未能成功加载搬运控制命令识别函数
        QMessageBox::warning(NULL, "警告", "未能成功加载搬运控制命令识别函数!", \
            QMessageBox::Yes | QMessageBox::No, QMessageBox::Yes);
        break;
    case IMAGEPREDICT1:  //仓库一（图像不旋转）图像识别成功标志位
        //在仓库一的界面上显示结果
        Box1DisplayImagePredict(msgPython.str_PythonInfo2Main);
        //如果是 AR 的识别
        if(dealARFlag){
            //以 UDP 单波的形式将识别后的结果发送出去
            SendUniCast2AR(sendToARPlace + " " + box1OriginalPlace1.right(2) \
                + " " + box1OriginalPlace2.right(2) + " " + \
                box1OriginalPlace3.right(2) + " " + box1OriginalPlace4.right(2));
            //将界面上的显示清空
            Box1DisplayImagePredict("1F2F3F4F");
            //清除标志位
            dealARFlag = false;
        }
        if(predictImageBoxAndSort == ASCENDING){
            //识别成功后，往串口发送以升序排序信号
            WriteSerialData(sendDataToSort + "61" + msgPython.str_
PythonInfo2Main);
        }else if(predictImageBoxAndSort == DESCENDING){
            //识别成功后，往串口发送以降序排序信号
            WriteSerialData(sendDataToSort + "62" + msgPython.str_
PythonInfo2Main);
        }
        break;
    //仓库二（图像旋转 180°）图像识别成功标志位
    case IMAGEPREDICT2:
        //在仓库二的界面上显示结果
        Box2DisplayImagePredict(msgPython.str_PythonInfo2Main);
        break;
    //短语音识别结束
    case VOICEPREDICTSHORT:
        //识别结果显示在左侧的 label
        if(msgPython.str_PythonInfo2Main != "ab"){
            ui->label2_1->setText("  成功");
```

```
                WriteSerialData(sendDoAction + msgPython.str_PythonInfo2Main);
            }else{
                ui->label2_1->setText(" 失败");
            }
        break;
        //长语音识别结束
        case VOICEPREDICTLONG:
            //识别结果显示在左侧的 label
            if(msgPython.str_PythonInfo2Main != "ab"){
                ui->label2_2->setText(" 成功");
                WriteSerialData(sendGoodsMoveData + msgPython.str_
PythonInfo2Main);
            }else{
                ui->label2_2->setText(" 失败");
            }
        break;
        default:
            break;
        }
    }
```

### 2. 图像预处理

将拍摄到的原始图像预处理为识别的图像，这个阶段需要对原始图像中的数字物体进行定位、切割等操作。

```
import cv2
import numpy as np
import sys
import os
def position(pic):
    arr = []
    # 复制图像，防止图像被更改
    img = pic.copy()
    # 将 RGB 转换为 HSV
    img_hsv = cv2.cvtColor(img, cv2.COLOR_BGR2HSV)
    lower_red = np.array([20, 43, 46])
    upper_red = np.array([40, 255, 255])
    # 获取每一个像素点的 HSV 值，将黄色像素点转换为黑色像素点，其余为白色
    img = cv2.inRange(img_hsv, lower_red, upper_red)
    ret, img=cv2.threshold(img,127,255,cv2.THRESH_BINARY)
    # 进行闭操作
    kenel = cv2.getStructuringElement(cv2.MORPH_RECT, (3, 5))
    close = cv2.morphologyEx(img, cv2.MORPH_OPEN, kenel, iterations=1)
    # 查找轮廓，只检查外轮廓
    binary,contours,hierarchy = cv2.findContours(\
        close, cv2.RETR_EXTERNAL, cv2.CHAIN_APPROX_SIMPLE)
    for i in range(len(contours)):
        cnt = contours[i]
        # 计算该轮廓的面积
        area = cv2.contourArea(cnt)
```

```
            # 面积小的都筛选掉
            if (area < 1800):
                continue
            # 轮廓近似，作用很小
            epsilon = 0.001 * cv2.arcLength(cnt, True)
            approx = cv2.approxPolyDP(cnt, epsilon, True)
            # 找到最小的矩形
            rect = cv2.minAreaRect(cnt)
            # box 是 4 个点的坐标
            box = cv2.boxPoints(rect)
            box = np.int0(box)
            # 计算高和宽
            height = abs(box[0][1] - box[2][1])
            width = abs(box[0][0] - box[2][0])
            # 物体正常情况下的长宽比在 0.5~1.5 之间
            ratio =float(width) / float(height)
            if (ratio > 1.5 or ratio < 0.5):
                continue
            # 得到上、下边的坐标
            box = cv2.boxPoints(rect)
            box = np.int0(box)
            ys = [box[0, 1], box[1, 1], box[2, 1], box[3, 1]]
            xs = [box[0, 0], box[1, 0], box[2, 0], box[3, 0]]
            ys_sorted_index = np.argsort(ys)
            xs_sorted_index = np.argsort(xs)
            if box[xs_sorted_index[0], 0] > 0:
                x1 = box[xs_sorted_index[0], 0]
            else:
                x1 = 0
            if box[xs_sorted_index[3], 0] > 0:
                x2 = box[xs_sorted_index[3], 0]
            else:
                x2 = 0
            if box[ys_sorted_index[0], 1] > 0:
                y1 = box[ys_sorted_index[0], 1]
            else:
                y1 = 0
            if box[ys_sorted_index[3], 1] > 0:
                y2 = box[ys_sorted_index[3], 1]
            else:
                y2 = 0
            img_plate = binary[y1:y2, x1:x2]
            arr.append(y1)
            arr.append(y2)
            arr.append(x1)
            arr.append(x2)
        return arr
```

得到 4 个物体在原始图像上的坐标后，将切割后的图像放入神经网络中就可以开始预测过程。

## 11.2 小结

本章通过综合实训案例，将人工智能和嵌入式设备、摄像头等设备结合起来，并结合嵌入式界面、手机界面等多种方式，整合形成完整的实训项目。

## 11.3 练习题

在树莓派上实现手写数字的实时识别。